Frank Peschke · Günter Droste

Seidenhühner und Zwerg-Haubenhühner

Apart – attraktiv – liebenswert

7., überarbeitete und aktualisierte Auflage

Titelbild:
1,0 Seidenhuhn, perlgrau (Züchter: Günter Droste, Porta Westfalica); Foto: Wolters

Innenteilfotos:
Galley: S. 48
Gerling: S. 29
Hein: S. 26
Mertensotto: 26 (2), 27 l.
Niemeyer: S. 73
Dr. Öhm: S. 77
Peschke: S. 71, 72
Proll: S. 25
Schellschmidt: S. 49 o., 67, 68, 70
Wandelt: S. 8, 10, 12, 15, 24, 27 r., 29, 38, 40, 49, 50, 56 o.
Alle anderen Fotos von Wolters.

Bibliografische Informationen der Deutschen Nationalbibliothek
Die Deutsche Nationalbibliothek verzeichnet diese Publikation in der deutschen Nationalbibliografie; detaillierte bibliografische Daten sind im Internet über http://dnb.d-nb.de abrufbar.

7., überarbeitete und aktualisierte Auflage
Postfach 16 42 · 72706 Reutlingen

DTP und Repro: Raff digital GmbH, Riederich
Druck: ESSER printSolutions GmbH
Printed in Germany
ISBN 978-3-88627-552-6

Inhaltsverzeichnis

Vorwort zur 7. Auflage

Die Welt ist im Wandel – von einer Zeitenwende war noch vor gar nicht allzu langer Zeit die Rede.

Der Krieg in der Ukraine und die dadurch verursacht massiv gestiegenen Energie-, Lebensmittel- und Futtermittelpreise haben ihre Spuren in der Gesellschaft und auch in unserem Hobby hinterlassen. Kann ich mir meine Tierhaltung auf dem bisherigen Level und mit der bisherigen Stückzahl der Nachzuchten auch in Zukunft noch leisten? Was ist mit Ausstellungen? Wohin dreht sich die Preisspirale der Energie- und damit verbundenen Hallenkosten?

Und dann gibt es natürlich noch die Vogelgrippe. Eine Tierseuche, welche uns in der Vergangenheit nur im Winter und Frühjahr verfolgt hat, ist endemisch geworden und hat nun auch mitten im Hochsommer zur Keulung in diversen Legehennenbetrieben und Stallpflicht in den Überwachungszonen geführt. Diese Variante der Tierseuchenbekämpfung funktioniert so nicht mehr. Ein Ausweg wird sich wohl nur in einem auf EU-Ebene zugelassenen Marker-Impfstoff finden lassen.

Neben diesen Problemen kämpfen die Züchter der Haubenhühner zurzeit wieder mit einer erneut aufflammenden Tierschutzdebatte zur Frage der Sichtfreiheit bei Haubenhühnern.

Es ist nach wie vor notwendig, die Zucht im Sinne des Standards zu lenken und unseren Züchtern auch mit dieser Auflage Hinweise zu geben, damit sich das besondere Merkmal der Haube nicht überentwickelt, aber auch damit die ausgeprägte Form wie seit Jahrhunderten erhalten bleibt. Sichtfreiheit ist nicht alles, aber ohne Sichtfreiheit ist alles nichts.

Günter Droste

Einleitung

Die Seidenhühner und Zwerg-Haubenhühner gewinnen von einer Zuchtsaison zur anderen immer neue Freunde. Kaum eine Kreisschau, auf der nicht Seidenhühner, Zwerg-Seidenhühner, Zwerg-Paduaner, Zwerg-Holländer, Haubenhühner, Weißhauben und mitunter auch Zwerg-Houdan sowie Zwerg-Crèvecœur und die neu hinzugekommenen Appenzeller Zwerg-Spitzhauben zu sehen sind. Bei den Landesverbandsschauen sowie bei den überregionalen Geflügelausstellungen gehören sie längst nicht mehr zu den Raritäten und die Seidenhühner schaffen es dabei bereits unter die Top 10 aller Rassen, was außerordentlich bemerkenswert ist. Am Richttag der alljährlichen Deutschen Junggeflügelschau in Hannover, der „Nationalen Bundessiegerschau“ und der Lipsia-Schau in Leipzig sind oft bis zu fünf Sonderrichter mit der Bewertung dieser Rassen und ihrer Farbenschläge beschäftigt.

Im Sonderverein der Züchter der Seidenhühner und Zwerg-Haubenhühner von 1924 sind heute rund zweihundertsiebzig Züchter organisiert. Wobei diese Zahl noch längst nicht alle Freunde und Züchter dieser Rassen wiedergibt. Viele sind Mitglied im SV der Haubenhühner und seltener Hühnerrassen und wohl noch mehr scheuen SV-Beitrag oder lange Wege zu den SV-Veranstaltungen oder haben andere gute Gründe, sich nicht speziell zu engagieren. Entsprechende Entscheidungen darüber kann man niemand abnehmen.

Doch gerade die Sonderschauen und die jährliche Hauptsonderschau mit siebenhundert und mehr Tieren geben erst einen realistischen Überblick über den jeweils aktuellen Zuchtstand. Erst im fairen Wettbewerb erweist sich die Qualität der eigenen Zucht.

Auf der heimischen Zuchtanlage laufen fast alle Tiere herum wie die Weltmeister. Die wahre Schönheit erweist sich erst im direkten Vergleich von Tier zu Tier, von Ausstellungskäfig zu Ausstellungskäfig.

Von wenigen Ausnahmen abgesehen, schneiden bei Konkurrenzen die Tiere der SV-Mitglieder im Vergleich zu den sonstigen Mitbewerbern deutlich besser ab. Die Gründe dafür liegen offenbar in der umfassenden Information über den zeitgemäßen Stand der Zucht, um die der Sonderverein ständig bemüht ist. Regelmäßige Rundschreiben sowie von den Obleuten und Sonderrichtern durchgeführte grundlegende Tierbesprechungen bei den Tagungen unterrichten die teilnehmenden Mitglieder über die rassegemäße Entwicklung. Der informierte Züchter ist im Allgemeinen stets der bessere.

Züchten heißt ja wohl vor allem weiterentwickeln, verbessern, vervollkommnen, die Vollendung anstreben. Dazu gehört vor allem das Wissen um den Idealzustand der betreffenden Rasse und der jeweils auserwählten Farbenschläge. Neben dem möglichst hohen Stand der Information kommt als hohe Züchtertugend die Geduld dazu. Niemand kommt von heute auf morgen zu höchster Perfektion.

Zuchterfolge wachsen nicht in wenigen Wochen wie Radieschen im Frühbeet. Auch jahrzehntelange Züchterlaufbahnen sind geprägt von einem nie endenden Lernprozess. Wer meint, er wisse schon alles, wird bestenfalls Zufallserfolge haben.

Vitale, lebensfrohe Geschöpfe

Mitte der Neunzigerjahre des vorigen Jahrhunderts und ganz aktuell beim Erscheinen der 7. Auflage sind die Zwerg-Haubenhühner in die Auseinandersetzung um die sogenannten „Qual-“ bzw. „Extremzuchten" verwickelt worden. Haubenhühner seien in tierschützerisch unzulässiger Weise in ihren Sichtmöglichkeiten und damit in ihrer artgerechten Lebens- und Verhaltensweise behindert. Von Zucht- und Ausstellungsverboten war die Rede und das letzte Wort darüber ist wohl auch beim Erscheinen dieser 7. Auflage noch nicht gesprochen. Es kann jedoch mittlerweile davon ausgegangen werden, dass das Verändern des Zuchtzieles, mit dem Schwerpunkt der natürlichen Sichtfreiheit unserer Vollhaubenhühner, diese Diskussion zumindest eingeschränkt hat und die Tiere es durch höhere Zuchtleistungen danken.

Fest steht jedoch, dass Haubenhühner und Zwerg-Haubenhühner eine lange Tradition haben. Sie wurden von passionierten Liebhabern dieser Rassen viele Jahrzehnte, teilweise sogar über Jahrhundertgrenzen hinaus gehalten, gepflegt und vervollkommnet. Dabei haben sie weder Qualen erlitten noch wurden sie extrem in ihrer Verhaltensweise beeinträchtigt. Sie sind vitale, lebensfrohe, possierliche Geschöpfe geblieben. In der internationalen Rassegeflügelzucht gibt es dafür Tausende und Abertausende überzeugende lebendige Beweise.

Schopfartige Hauben werden abgelehnt

Etwaige Überlegungen, nunmehr kleine, fast schopfartig zu nennende Hauben als Zuchtziel anzustreben, sind abzulehnen. Sie würden das Ende der Hauben- und Zwerg-Haubenhühner bedeuten. Dies kann ernsthaft kein wirklicher Tierliebhaber und Freund der Rassen- und Artenvielfalt anstreben. Wie in allen Lebensbereichen, so gibt es auch bei den Haubenhühnern und ihrer verzwergten Verwandtschaft „so 'ne" und „solche".

Gegen lose, über das Gesichtsfeld der Tiere herabhängende Haubenränder wurde von jeher kritisch vorgegangen. Das Zuchtziel sind feste Vollhauben, deren Aufbau und Struktur praktisch einen Brauenbogen über jedem Auge bilden. Damit ist das Blickfeld der Tiere nach unten, nach vorn und nach den Seiten gesichert. Wer für Haubenhühner absolute Sichtfreiheit auch nach oben fordert, der plädiert für die Abschaffung des Hauptmerkmals dieser Rassen.

Deutscher Rassegeflügel-Standard schafft Klarheit

Gewisse Unsicherheiten löste auch die 1988 erfolgte Anerkennung der Zwerg-Seidenhühner aus. Bis zu diesem Zeitpunkt galten die hier anerkannten Seidenhühner bekanntlich als Zwergrasse. Bis zu den verbindlichen Schilderungen im Deutschen Rassegeflügel-Standard hatten sie doch seit 1933 unter den „Zwergen" ihren Platz gefunden.

Nachdem sie nun zur Großrasse zurückmutierten, gab es häufig bei den Ausstellungen einen nicht sehr genussreichen „Größensalat". Als „Zwerge" gemeldete Tiere waren nach den neuen Standardvorschriften viel zu groß. Andererseits wirkten als Seidenhühner deklarierte Exemplare viel zu klein.

Manches hat sich inzwischen reguliert, aber absolute Klarheit bis in jeden Ortsverein hinein besteht noch immer nicht. Dies hat sich mit Erreichen der deutlich höheren Gewichte der großen Seidenhühner nun eindeutig gefestigt.

All diesen Unsicherheiten, Missverständnissen und Fehlinterpretationen möchte diese Broschüre abhelfen. Im Folgenden wird versucht, klar und deutlich darzustellen, wie Seidenhühner und Zwerg-Haubenhühner, ihre Farben und Zeichnungswerte, heute sein sollen und wodurch sie sich unterscheiden.

Jeder, der sich mit der Rassegeflügelzucht beschäftigt, sucht darin Entspannung und Freude. Freude vermittelt zumeist der Erfolg. Erfolgreich kann jedoch nur der sein, der die Voraussetzungen dazu kennt.

Seidenhühner

2300 Jahre alte Rasse

Nur wenige Hühnerrassen haben eine derart lange und bewegte Geschichte wie die Seidenhühner. Verfolgt man sie über alle zumindest in Europa vorhandenen Aufzeichnungen zurück, gelangt man bis zum griechischen Philosophen Aristoteles (384–322 vor Christus) –, welcher schwarze und weiße Hühner mit „Katzenhaar" aus dem „Reich von Mangi" (China) erwähnt – und somit auf ein Alter dieser Rasse von ca. 2300 Jahren.

Als „Wugu-ji" bezeichnet, was so viel wie „Krähen- oder Schwarzknochenhuhn" bedeutet, waren diese Hühner nach chinesischen Aufzeichnungen bereits in den Anfängen der Tang-Dynastie (618–907 nach Christus) im Reich der Mitte bekannt. Trotz vieler Belege in der Literatur und durch andere Überlieferungen werden exakter Ursprung und die Geschichte der Weiterentwicklung wohl immer mit einem Hauch von Geheimnis umgeben sein. Authentisch ist jedoch, dass der venezianische Kaufmann und Reiseschriftsteller Marco Polo (1254–1324) nach einer Reise in die Mongolei und nach China 1292 von schwarzen Hühnern berichtete, die er als „katzenhaarig" bezeichnete. Später beschreibt dann der Schweizer Naturforscher und Schriftsteller Conrad Gessner (1516–1565) in seinem 1555 erschienenen „Vogelbuch" die Seidenhühner als „schneeweiße Wollhühner" mit schwarzer Haut, die aus China bekannt seien. Eine andere Aufzeichnung von 1793 verweist auf das Vorkommen des Seidenhuhns in Holland, Westfalen und Burgund. Aus jener Zeit gibt es auch den Hinweis auf fahrende Schausteller, die auf Jahrmärkten Seidenhühner als Kreuzung zwischen Huhn und Kaninchen vorführten.

1,0 Seidenhühner mit Bart, gesperbert (Günter Droste, Porta Westfalica)

Um 1920 wurden noch vier Rassen des Seidenhuhns beschrieben:

- das Japanische oder Neger-Seidenhuhn,
- das Japanische Seidenhuhn mit weißer Haut,
- das Siamesische Seidenhuhn und
- die Zwerg-Seidenhühner.

Das Japanische Seidenhuhn, auch Neger-Seidenhuhn genannt, kann als Ausgangsrasse unseres heute bekannten Typs gelten.

Um das Siamesische Seidenhuhn sind Bestrebungen der Anerkennung bekannt und das längere Zeit nicht mehr existierende Zwerg-Seidenhuhn feierte 1988 nach hartnäckigen züchterischen Bemühungen auch in Deutschland seine Wiedergeburt.

Dazu gesellte sich dann 1999 mit dem Siamesischen Zwerg-Seidenhuhn eine weitere interessante Variante.

Das weißhäutige Japanische Seidenhuhn wird in verschiedenen Farbenschlägen gezüchtet, fand aber noch nicht den Weg in das Anerkennungsverfahren des BDRG.

Über das erste Auftauchen der Seidenhühner in Europa gibt es keine verbindlichen Nachrichten. Jedenfalls haben sie in der Seefahrernation England zuerst Aufnahme gefunden. Dort wurden sie auch mit Engagement gezüchtet und formlich verbessert. Bis etwa 1840 förderte ein reger Sonderverein dort die Rasse.

Seidenfiedrige Hühner

Schon bei der Antwort auf die Frage, wie die Seidenfiedrigkeit entstehen konnte, gibt es unterschiedliche Auffassungen. Einige Wissenschaftler vermuten, dass es sich bei der Auflösung der Federfahne um eine Verlustmutation handelt. Sie wird mit der des Straußenvogels verglichen, in dessen stammesgeschichtlicher Entwicklung Degenerationserscheinungen im Gefieder zur Flugunfähigkeit geführt haben. Eine andere These meint, die Seidenfiedrigkeit sei ein aviatistischer Vorgang. Dies würde eine Rückentwicklung einer früheren Stufe auf dem Weg vom Reptil zum flugfähigen Vogel bedeuten.

Nach einer anderen veröffentlichten Meinung ist die Ausgangsbasis für das Seidenhuhn eine Wildhuhnart aus dem Himalaja und der Mongolei, die vor etwa viertausend Jahren domestiziert worden sei. Wissenschaftliche Belege für diese Theorie gibt es jedoch nicht.

Kollege Dr. Horst Schmidt vertritt in seinem 1985 erschienenen „Handbuch der Nutz- und Rassehühner" die Meinung, dass der Verlust der Häkchen an den Federschäften und Fahnen auf eine plötzliche Erbänderung zurückgeht, die vom Menschen aus ästhetischem und spielerischem Interesse auf dem Wege der Zuchtauslese gefestigt worden ist. Diese These erscheint logisch und nachvollziehbar, bewiesen ist jedoch auch sie nicht.

Sondervereinsgründung 1928

Seit Anfang des 20. Jahrhunderts wird die Seidenhuhnzucht systematisch nach entsprechender Musterbeschreibung auch in Deutschland betrieben. Dazu wurde 1928 ein eigener Sonderverein gegründet, welcher vermutlich durch den Zweiten Weltkrieg unterging. Die Züchter haben sich danach den Zwerg-Haubenhuhnzüchtern im Westen und den Haubenhuhnzüchtern im Osten angeschlossen.

Inzwischen kann man davon ausgehen, dass deutsche Zuchten heute richtungweisend in der Seidenhuhnzucht sind. Selbst eine mit unzähligen Fotoapparaten und Videorekordern ausgerüstete große Delegation japanischer Züchter informierte sich in den Tagen der unvergleichlichen „77. Nationalen Rassegeflügelschau" 1995 in Nürnberg gründlich am Zuchtstand der Seidenhühner und Zwerg-Seidenhühner.

In größerem Rahmen war ein internationaler Vergleich in der jüngsten Vergangenheit zur 25. EE-Europaschau (Europäischer Verband für Geflügel-, Tauben-, Kaninchen und Vogelzucht) vom 8. bis 10. Dezember 2006 in Leipzig möglich. Einschließlich der Tiere aus der 1. EE-Jugend Europaschau kamen seinerzeit 173 Tiere zusammen – für damalige Verhältnisse ein tolles Ergebnis, welches jedoch zur 27. EE-Europaschau und 3. EE-Europajugendschau vom 7. bis 9. Dezember 2012 am gleichen Ort mehr als nur übertroffen wurde.

Nunmehr kamen insgesamt 379 Seidenhühner aus Dänemark, Deutschland, Frankreich, Italien, den Niederlanden, Polen, Rumänien, Slowenien, der Slowakei und der Tschechischen Republik zusammen und ermöglichten somit schon einen internationalen Vergleich der jeweiligen Zuchtstände dieser Rasse.

Gefordert wird heute ein kompaktes Huhn in abgerundeter Würfelform mit leicht ansteigender Rückenlinie und knapp mittelhoher Stellung. Das weiche Seidengefieder auf schwärzlich blauer Haut soll voll entwickelt sein. Dies gilt für alle Farbenschläge, die jeweils ohne und mit Bart zugelassen sind.

Beschreibungen im Europa-Standard

In vielen älteren Fachbüchern bis hin zu Vorgängerfassungen des „Deutschen Rassegeflügel-Standards" ist von einem cochin-ähnlichen Bau die Rede. An dieser inzwischen seit vielen Jahren überholten Formulierung sollte sich niemand mehr orientieren.

1,0 Seidenhühner mit Bart, rot
(Zgm. Kliem/Urban, Bassum)

Bereits in der Fassung des Standards von 1995 hatte man sich von dieser Beschreibung der Form verabschiedet und neue Rassebilder entworfen. Aber insbesondere im allerneuesten, 2006 erschienenen Rassegeflügel-Standard für Europa kann man anhand der nunmehr verwendeten Fotos den Unterschied der beiden Rassen in der Körperform, aber ganz besonders auch hinsichtlich der knapp mittelhohen Stellung der Seidenhühner im Kontrast zum breiten, tief getragenen Körper der Cochin erkennen.

Durch die ausgezeichnete bildliche Darstellung dort werden formliche Unterschiede zwischen Cochin und Seidenhühnern auch in Haltung und Stand deutlich.

Zu der abgerundeten Würfelform passt ein kurzer, voll befiederter Hals. Bei den Bärtigen gehört ein aufgebauschter, mähnen- oder hengstnackenartiger Halsbehang im hinteren Bereich dazu. Der breite, kurz gehaltene Rücken steigt nach hinten leicht, aber deutlich an. Dieses Merkmal wird bei den Bewertungen nicht selten mit dem Wunsch „mehr Steigung" angemahnt.

Die Schultern sind breit und sollten etwas hervortreten. Kurze, breite Flügel sollen waagerecht, straff anliegend getragen werden. Etwa zwei Drittel der Hand- und Armschwingen sind in den Federfahnen geschlossen. Das restliche Drittel nach dem Federende zu muss jedoch seidenfiedrig zerschlissen sein. Von den Außenfahnen dürfen einige Strähnen lose herabhängen.

Toleranz und Fingerspitzengefühl sind gefragt

Besonders die Beurteilung der Seidenhuhnschwingen erfordert ein Höchstmaß an Toleranzbereitschaft und Fingerspitzengefühl. Mit der Forderung nach zu zwei

Dritteln geschlossener Federfahne soll der hier naturgemäß gegebenen Gefahr der Flügellücke entgegengewirkt werden. Totale Seidenfiedrigkeit wird die Unterentwicklung der Axialfedern begünstigen. Zudem wären fehlende Federfahnen und nackte Kiele die Folge.

Um hier Klarheit zu schaffen und rein zufällig entstehenden Vorzügen entgegenzuwirken, ist die Drittelung 2:1 festgeschrieben worden. Entscheidend sollte jedoch bleiben, dass beide Flügel jeweils voll entwickelt sind. Sekundär sollte sein, ob die vorgegebenen Abmessungen von einem zu zwei Dritteln auf den Millimeter genau stimmen. Ein weiterer Schwachpunkt bei den Flügeln ist das Auftreten von Drehfedern und Scherenflügeln. Diese Fehler vererben sich hartnäckig und sollten daher konsequent ausgemerzt werden.

> ***Tipp***
> Um den vorstehend angesprochenen fehlenden Federfahnen, nackten Kielen und Scherenflügeln entgegen- und somit ausgleichend zu wirken, nehme ich auch öfter gern einmal ein Tier in den Zuchtstamm, dessen Hand- und Armschwingen in der Feder vollständig geschlossen sind.

Der in Harmonie zu den übrigen Körperteilen ebenfalls breite Sattel mit vollem Behang ist flaumreich und weichfiedrig. Der federreiche Schwanz wird angehoben getragen. Die Steuerfedern und Hauptsicheln haben zum Grund hin geschlossene Federfahnen und sollten im Idealfall zum Ende hin möglichst zerschlissen sein. Die gesamte Schwanzpartie ist mit flaumreichen Federn üppig gefüllt.

Über mehrere Jahre hin wurde versucht, sowohl die Steuerfedern als auch die Hauptsicheln vollständig weich und seidenfiedrig zu züchten, und man hat optisch entsprechende Tiere bei der Bewertung hervorgehoben. Aber war das dann im Schaukäfig, insbesondere bei den Hähnen, noch auf natürlichem Wege erreichbar? Die Formulierung „Steuerfedern und Hauptsicheln zum Grund hin mit geschlossenen Federfahnen, nach dem Ende hin möglichst zerschlissen“ ist analog zur Beschreibung der Hand- und Armschwingen zu sehen.

Eine vollständige Seidenfiedrigkeit des Schwanzgefieders dürfte ohne Mängel an anderer Stelle züchterisch nicht umsetzbar sein. Die Formulierung „möglichst zerschlissen“ geht daher nach heutiger Interpretation des Standards grundsätzlich von als solchen noch erkennbaren Steuerfedern und Hauptsicheln aus. Übertriebene Schauvorbereitung ist an dieser Stelle nicht angebracht und auch nicht erforderlich.

Der geforderten Würfelform entsprechend ist auch die Brust sehr voll, breit, gut abgerundet und tief getragen. Fehlende, dürftige, magere, trockene Unterlinie beeinflusst den Gesamteindruck negativ, sodass auch ein voller, reich befiederter Bauch verlangt werden muss.

Kammform und Kammstruktur

Der kleine, gut gerundete Kopf zeigt ein schwärzlich blaues Gesicht in gleichmäßiger Färbung. Mit Ausnahme bei den gesperberten und den weiß-schwarzgefleckten Seidenhühnern entspricht rote oder rötliche Gesichtsfarbe nicht den typischen Rassemerkmalen und muss als Fehler eingestuft werden. Dies gilt natürlich auch für Kamm und Kehllappen. Über die Kammform ist in der Vergangenheit lebhaft diskutiert worden. Während bis zur Überarbeitung des Standards von einem blauroten, warzenförmigen, kurzen Rosenkamm ohne Dorn die offizielle Rede war und das Streben nach einem quer liegenden maulbeerförmigen Kamm als Ideal gefordert wurde, dem bei der Bewertung der Vorzug zu geben sei, wurde in diese etwas konfusen Formeln nun Klarheit gebracht.

Die hartnäckigen Befürworter des „Maulbeerkamms“ konnten sich letztendlich nicht durchsetzen. Der nun gültige Standard fordert den Seidenhuhnkamm in Form und Struktur einer halben Walnuss gleichend ohne Dorn und von einer Querfalte durchzogen. Bis zum Jahre 2009 war der Sitz der Querfalte für den Hahn ausdrücklich mit Kamm-Mitte angegeben, während für die Henne diese, wie nachfolgend beschrieben, im 1. Drittel angedeutet vorhanden sein sollte.

Bei dieser Formulierung wurden jedoch nicht nur für die Bewertung unnötige Hürden aufgebaut, sondern eine geschlechterspezifische Forderung dieses Merkmales würde streng genommen auch eine Zweistammzucht erfordern. Ohne auf die Forderung der Querfalte zu verzichten, hat man sich daher von der konkreten Formulierung der Lage dieser Falte getrennt.

Die Kammstruktur ist ein typisches Rassemerkmal – Hähne ohne Querfalte weisen einen groben Fehler auf und können daher bei der Bewertung keine 93 Punkte mehr erhalten. Bei der Henne ist der Kamm wesentlich kleiner, jedoch gleichmäßig geformt, wobei die Querfalte im Kamm hier nur angedeutet ist und diese dem Preisrichter daher bei der Bewertung nicht sofort auf Anhieb ins Auge springen muss.

Eine Andeutung ist nämlich nichts anderes als ein vorsichtiger, versteckter Hinweis. Übermäßige Anforderungen sind an dieser Stelle nicht angebracht. Ist die Querfalte auf den ersten Blick vorhanden, so ist dies wunderbar, aber im weiblichen Geschlecht bitte nicht übermäßig danach suchen!

Von der Kammbeschreibung (Walnuss) darf man natürlich keinerlei Rückschlüsse auf die Farbe des Kammes ziehen. Dieser ist natürlich nicht nussbraun, sondern, wie oben geschildert, schwärzlich blau. Auch hier ist wohl nach Pestalozzi die Anschauung das absolute Fundament aller Erkenntnis, und so kann man nur raten, sich ideale Seidenhuhnkämme bei mit hohen Noten herausgestellten Ausstellungstieren eingehend zu betrachten.

Kehllappen und Schopf

Die ebenfalls schwärzlich blauen runden Kehllappen sollen faltenfrei und fein im Gewebe sein. Besonders lange Lappen passen nicht in das Rassebild und sind entsprechend zu bewerten. Ebenso unpassend sind völlig fehlende und vollkommen unterentwickelte Kehllappen. Dieser Mangel tritt nicht selten auf und ist mit Nachdruck zu kritisieren.

Kehllappen müssen bei bartlosen Tieren zur Abgrenzung der beiden Varianten grundsätzlich erkennbar sein. Ob man feine, ausgerundete Kehllappen verlangt oder ob entsprechende Ansätze ausreichend sind, ist eine Frage des Zuchtstandes der jeweiligen Farbe. Wie in der Zucht immer, so sind auch hier Übertypisierungen und über-

0,1 Seidenhühner mit Bart, perlgrau
(Günter Droste, Porta Westfalica)

zogene Auslegungen des Standards zu vermeiden. Kamm- und Kehllappengröße müssen harmonisch zum Tier passen.

Bei den Bärtigen sind die Kehllappen unterentwickelt. Soweit überhaupt vorhanden, müssen sie von dem ausgeprägten Bart völlig verdeckt sein. Bei der Bewertung ist der Bart jedoch nicht anzuheben oder zu teilen, um nach eventuell vorhandenen Ansätzen krampfhaft zu suchen.

Nicht selten werden die Ohrscheiben zu mehr oder weniger großen Steinen des Anstoßes. Sie sollen glatt, klein, gleichmäßig ausgeprägt und satt türkisblau leuchtend sein. Faltige, zu helle, rote oder abstehende Ohrscheiben verderben mitunter die Schönheit der Kopfpunkte, zu denen unbedingt auch große, lebhafte schwarzbraune Augen gehören. Fehlende Farbintensität führt zur Überraschung manch eines Ausstellers gelegentlich zu entsprechender Mängelbemerkung. Der Schnabel ist kurz, kräftig ausgeprägt, bläulich bis schwarz. Nur selten findet man unschöne, überlange Oberschnäbel, die den Gesamteindruck des Kopfes trüben. In solchen Fällen ist die Bemerkung „Schnabelpflege“ angebracht, denn das sachgerechte Kürzen des Oberschnabels gehört gegebenenfalls zur liebevollen Schauvorbereitung.

Ein ganz wichtiges Rassemerkmal ist bei den Hähnen ein mittelgroßer Schopf, der aus nach hinten liegenden Federn gebildet wird. Am hinteren Ende erscheinen einige etwas längere Seidenfedern. Bei den Hennen ist der Schopf haubenartig ausgebildet. Er muss gut gerundet und stabil sein und in dieser Festigkeit die Augen frei lassen.

Die kurzen Schenkel sind reich befiedert. Jegliche Stulpenbildung ist fehlerhaft und führt zu entsprechend niedrigen Bewertungsnoten. Dazu passend knapp mittellange, schwarzblaue Läufe, die an der Außenseite kurz befiedert sind. Ausgeprägte Latschenbildung ist ebenso unerwünscht wie völlig federfreie Läufe.

Rassemerkmal: fünfte Zehe

Ein ganz wesentliches Rassemerkmal der Seidenhühner ist ihre Fünfzehigkeit. Dabei muss die fünfte Zehe deutlich von der vierten getrennt und merklich länger als diese sein. Sie ist einschließlich des Zehennagels deutlich nach oben gebogen.

Die immer wieder auftretenden flachen oder nach unten weisenden Stellungen der fünften Zehe entsprechen nicht der Wunschvorstellung. Zwischen der Standzehe und der fünften Zehe ist möglichst wenig Zwischenhaut gefordert. Die äußeren Zehen sind kurz befiedert.

Das reichlich entwickelte, flaumreiche, weiche Seidengefieder besteht aus zerschlissenen, haarähnlichen Federn mit weichen Schäften und Federfasern. Zusam-

Tipp

Der Vollständigkeit halber sei hier noch auf ein Problem hingewiesen, welches den Rassen mit „nur“ vier Zehen fremd ist und sich nicht zweifelsfrei als ein grober Fehler in den Rassemerkmalen aus dem Standard ergibt.

Wenn ein Seidenhuhn fünf Zehen hat, dann hat es selbstverständlich pro Zehe auch nur einen Zehennagel. Ein separater weiterer Zehennagel oder ein stark vergrößerter Nagel, mit einer Kerbe in der Mitte, der nichts anderes ist als zwei zusammengewachsene Nägel, stellt im Endergebnis eine Missbildung des Skeletts dar.

Dieser Fehler, in der Regel an der vierten oder fünften Zehe zu finden, muss daher meines Erachtens zwingend mit der Note „u“ bedacht werden. Bei der Auswahl der Zuchttiere ist auf diesen Punkt ein besonderes Augenmerk zu legen, um nicht im nächsten oder übernächsten Jahr unangenehm überrascht zu werden.

menhängende, geschlossene Federfahnen sind grob fehlerhaft. Die Haut der Tiere ist bei allen Farbenschlägen schwärzlich blau. Diese Farbgebung findet man auch in der Muskulatur, der Knochenhaut und bei den inneren Organen.

Abgesehen von den geschlechtsbedingten Unterschieden gleicht die Henne dem Hahn in allen typischen Rassemerkmalen.

Kamm, Kehllappen und Figur sind naturgemäß entsprechend kleiner. Durch die geschlechtsgebundene kürzere und weichere Struktur der Federn wirkt die Henne auch etwas gedrungener. Im Gegensatz zum Hahn hat die Henne einen haubenartigen Schopf. Er ist von fester Konsistenz und lässt die Augen frei.

Entscheidend für das Gesamtbild, die figürliche Erscheinung der Seidenhühner, ist ihr Federreichtum. Zu kurze Federn entstellen den Typ und führen nie zu der bei dieser Rasse erforderlichen kompakten Würfelform. Entscheidend ist auch hier die Harmonie der Proportionen, die den Gesamteindruck nachdrücklich beeinflussen.

Im Rahmen der Angleichung der verschiedenen europäischen Standards und zur entsprechenden Abgrenzung zu den Zwerg-Seidenhühnern sind die Gewichtsangaben der Seidenhühner mehrfach angehoben worden. Um sich die Entwicklung der Rasse in den letzten 15 bis 20 Jahren einmal konkret vor Augen zu halten, muss man sich die gesamten Änderungen der Standardgewichte einmal auf der Zunge zergehen lassen (siehe folgende Tabelle).

Grobe Fehler Rassemerkmale:
Untypisch sind eine flache Brustpartie; schmaler oder langer, nicht würfelförmiger Körper; abfallende Rückenlinie, gleichbedeutend mit fehlender Steigung sowie flache oder eingekniffene Schwanzpartie; zu harte, nicht seidenweiche oder zu schwach ausgebildete Befiederung; stark ausgebildete, überlange Besichelung; ungenügend ausgebildete Steuerfedern; einzelne verdrehte Federn in den Schwingen; Fehlen der Federfahnen in Schwingen und Schwanz; mangelhafte Zehentrennung zwischen Hinterzehe und fünfter Zehe; starke Stulpenbildung und übermäßige, latschenartige Fußbefiederung; fehlende Laufbefiederung; mit Ausnahme der Gesperberten andere als schwärzlich blaue Farbe von Kamm, Gesicht, Kehllappen und Haut; Kammauswüchse; fehlende Kammquerfalte beim Hahn; weiße, rötliche oder schwärzlich blaue Ohrscheiben; stark aufgehellte Augenfarbe.
Bei den Bartlosen aufgebauschte Federn im hinteren Halsbehang und Bartansatz. Bei den Bärtigen ist zu schwache, nur angedeutete Bartbildung ebenso mangelhaft wie sichtbare Kehllappen sowie Schopf- und Bartbildung, die die Sichtfreiheit behindert.

Entwicklung des Gewichts bei Seidenhühnern

	Hahn	*Henne*	
bis 1993	1,0 kg	800 g	
1994 bis 2000	1,2 bis 1,6 kg	1,0 bis 1,3 kg	
2001 bis 2005	1,4 bis 1,7 kg	1,1 bis 1,4 kg	etwas geringeres Gewicht gestattet
seit 2006	1,4 bis 1,7 kg	1,1 bis 1,4 kg	

Untergewichtige Tiere werden seit 2006 nicht mehr toleriert. Entscheidend für die Beurteilung der Größe ist jedoch nicht nur das Gewicht, sondern insbesondere auch die durch das üppige Gefieder strukturierte Gesamterscheinung. Das Bruteier-Mindestgewicht beträgt 40 g, die Schalenfarbe der Eier ist hellbraun. Die Ringgröße ist bei beiden Geschlechtern vereinheitlicht worden. Seit 2005 können bei beiden 16er-Ringe aufgezogen werden.

Seidenhühner sind gute Winterleger. Für ihre Brutlust und sorgfältige Kükenführung sind sie bei vielen Züchtern, aber auch bei weniger passionierten Hühnerhaltern beliebt. Interessant ist aber auch das sonstige Verhalten dieser Rasse. So wird zum Beispiel abweichend zu den meisten anderen Hühnern zum Schlafen in der Regel nicht eine Stange aufgesucht. Dabei hat diese Verhaltensweise nichts mit der mangelnden Flugfähigkeit der Rasse zu tun.

Selbst in ausgesprochen niedriger Höhe angebotene Sitzstangen werden nach meinen Erfahrungen fast ausnahmslos von diesen ignoriert. Seidenhühner und Zwerg-Seidenhühner ruhen bevorzugt auf dem Erdboden, wobei stets Körperkontakt zu den übrigen Mitgliedern der Gruppe gehalten wird. Auch leichter Regen macht ihnen in der Regel nichts aus und veranlasst sie auch nicht den Stall aufzusuchen. Das seidige Gefieder legt sich, wenn es nass wird, sofort dicht an den Körper. Eine dann leicht abfallend eingenommene Körperhaltung führt dazu, dass der Regen sozusagen nach hinten über den Schwanz abläuft und nur die oberen zwei oder drei Federlagen feucht werden und das Untergefieder sowie die Haut stets trocken sind. Erst stärkerer Regen führt dazu, dass sie in den Stall gehen und sodann – auch gegenseitige – Körper- bzw. Gefiederpflege betreiben.

Die Farbenschläge

Weiß

Der verbreitetste Farbenschlag ist Weiß ohne Bart, während die bärtige Variante seltener gezeigt wird. Dadurch erscheint es fast selbstverständlich, dass hier auch ein hoher Qualitätsstand erreicht wurde. Die Beschreibung der Farbwerte ist einfach. Verlangt wird ein strahlendes, reines Weiß. Gelegentlich auftauchende andersfarbige Federn, besonders in meliertem Grau oder Schwarz, sind grob fehlerhaft. Im Schmuckgefieder des Hahnes ist leicht gelber Anflug gestattet. Mit fortgeschrittener Jahreszeit, beispielsweise bei Januar-Schauen, kann die Toleranzgrenze etwas erweitert werden. Die Betonung sollte jedoch immer auf dem Wörtchen „leicht" liegen.

Grobe Fehler:
Starker gelber Anflug.

Tieren aus unsachgemäßer Haltung, ohne Schaukondition und fehlender Aus-

0,1 Seidenhühner, weiß
(F. Schwager, Hagenbach)

stellungsvorbereitung fehlt oft das strahlende Weiß. Sie wirken stumpf und grau. Damit haben sie keine Chancen, ehrenpreiswürdige Bewertungsnoten zu erreichen.

Schwarz

Bei den Schwarzen wird ein sattes, nicht stumpfes, gleichmäßiges Schwarz erwartet. Dies gilt auch für das Untergefieder. Die Schäfte der Schwingenfedern dürfen etwas aufgehellt sein. Einzelne bräunliche Federn im Halsbehang der Hähne werden nachsichtig beurteilt, sofern sie das Gesamtfarbbild nicht zu sehr beeinflussen.

Grobe Fehler:
Zu graue Grundfarbe; rote und braune Einlagerungen auf den Flügeldecken; starkes Schilf.

In der Vererbungslehre wird Schwarz mit dem Faktor E beschrieben, welcher mit dem Faktor C für die vollständige Ausbreitung des schwarzen Pigments zuständig ist. Hervorgerufen wird die Farbe durch die starke Anhäufung von Eumelanin (Stäbchenschwarz), welche zur völligen Unterdrückung des Goldfaktors oder Silberfaktors im Gefieder führt.

Diese Anhäufung des Schwarz bzw. Unterdrückung der oben genannten Faktoren ist so stark, dass Schwarz sowohl gegenüber dem rezessiven Weiß als auch gegenüber wildfarbigen, columbiafarbigen, gesprenkelten, gescheckten oder gesäumten Farbenschlägen dominant ist und in der F_1 daher ausschließlich schwarze Nachkommen fallen. Selbst wenn bei den Hähnen aus den zuletzt genannten Varianten etwas Zeichnung im Halsbehang vorkommen kann, ergeben sich hieraus bereits einige interessante Kombinationsmöglichkeiten. Unter Berücksichtigung der mendelschen Regeln ist Schwarz somit die „Wunderwaffe“ zur Verbesserung der Rassemerkmale und Erhaltung der Vitalität seltener Farbenschläge.

Blau

Seit Menschengedenken, zumindest jedoch seit dem Beginn der organisierten Rassegeflügelzucht übt bei den Hühnern eine Gefiederfarbe einen ganz besonderen Reiz aus: Blau.

In der Rassegeflügelzucht stehen die Andalusier als Synonym für diese Farbe. Diese Hühnerrasse gelangte um das Jahr 1850 von der Iberischen Halbinsel in das Mutterland der Rassegeflügelzucht England und ungefähr 20 Jahre später, 1872, auch auf deutschen Boden. Seither sind die Farbe Blau und Andalusier untrennbar miteinander verbunden. Generationen von Züchtern haben sich im Streben nach Perfektion an dieser Kombination „die Zähne ausgebissen“. Erst vor knapp einhundert Jahren gelang hier der Durchbruch. Basierend auf der Grundlage der Arbeiten von Gregor Mendel entschlüsselten die briti-

0,1 Seidenhühner, blau
(F. Schwager, Hagenbach)

schen Genetiker William Bateson (* 8. August 1861 in Whitby; † 8. Februar 1926 in Merton) und Reginald Crundall Punnett (* 20. Juni 1875 in Tonbridge, Grafschaft Kent; † 3. Januar 1967 in Bilbrook, Grafschaft Somerset) im Jahr 1906 den Erbgang dieser Farbe. Seit diesem Zeitpunkt ist bekannt, dass die Farbe Blau bei den Hühnern stets nur als spalterbige Variante vorkommt und in der Nachzucht rein statistisch 25 % schwarze, 50 % blaue und 25 % schmutzig weiße Abkömmlinge (= Splash) anfallen.

Beim Farbenschlag Blau wird ein möglichst gleichmäßiges, mittel getöntes Blau gefordert. Die Behänge des Hahnes sind etwas dunkler. Wichtig ist die gleichmäßige Farbgebung. Es handelt sich hier um eine spalterbige Variante, sodass die Nachzucht in Schwarz, Weiß (= Splash) und Blau aufspaltet. Um eine gleichmäßige blaue Farbe zu behalten und unliebsame goldene Einlagerungen im Schmuckgefieder zu vermeiden, ist es notwendig, zum richtigen Zeitpunkt schwarzen Farbstoff zuzuführen. Um diesen Zeitpunkt genau zu treffen, ist jedoch etwas Fingerspitzengefühl notwendig.

Nach persönlicher Erfahrung der Autoren sollte alle drei bis vier Jahre eine Verpaarung von Splash x Schwarz und im Jahr darauf eine Verpaarung an blaue Tiere der Ursprungslinie erfolgen.

Grobe Fehler:
Zu helle oder zu dunkle Farbe; insbesondere in den Behängen des Hahnes, viel Rost im Gefieder; starkes Schilf.

Perlgrau

Der Farbenschlag Perlgrau wird im Rassegeflügel-Standard als eine reinerbige Variante der blauen Gefiederfarbe und als ein stark verdünntes Schwarz mit unterdrücktem Goldfaktor beschrieben. Diese Reinerbigkeit bezieht sich jedoch nur auf die Verpaarung von Perlgrau × Perlgrau. In dieser Kombination entfällt die vorstehend bei Blau beschriebene Aufspaltung von Schwarz : Blau : Weiß im Verhältnis von 1 : 2 : 1 und man erhält in der Nachzucht nahezu ausschließlich perlgraue Küken. In der Kombination mit einer anderen Farbe vererbt es sich grundsätzlich rezessiv, d. h. rückweichend oder unterdrückt werdend.

Tipp
Der perlgraue Farbenschlag lässt sich nach meinen eigenen Erfahrungen hervorragend mit Schwarz kombinieren, um das eine oder andere Rassemerkmal zu verbessern. Da eine perlgraue Feder dazu neigt, immer schmaler zu werden, wird man um regelmäßige Einkreuzungen schon allein aus diesem Grund nicht umhinkommen.
Nachfolgende Hinweise sollten bei den entsprechenden Verpaarungen berücksichtigt werden, um vor Enttäuschungen geschützt zu sein.

Die Kombination von Perlgrau × Schwarz oder Schwarz × Perlgrau ergibt in der F_1 immer Schwarz. Die Farbe Perlgrau weicht optisch zurück.

Wenn nun diese F_1 wieder unter sich verpaart wird, erhalten wir folgendes Zahlenverhältnis: 25 % Perlgraue und 75 % Schwarze. Bedingt dadurch, dass beide Elternteile spalterbig für Perlgrau bzw. Schwarz sind, handelt es sich in der Nachzucht nun um 25 % reinerbig Schwarze, 50 % spalterbig Perlgraue (was nicht sichtbar ist, da rezessiv, d. h., diese Tiere sind optisch auch schwarz) und 25 % reinerbige Perlgraue. Verpaart man die F_1 an Perlgrau zurück, erhält man 50 % reinerbige Perlgraue und 50 % spalterbige Schwarze.

Friedrich Regenstein (1979, Vererbung bei Hühnern und Tauben) geht bei der Verpaarung von einem spalterbigen schwarzen F_1-Hahn mit einer perlgrauen Henne davon aus, dass perlgraue Küken beiderlei Geschlechts schlüpfen. Eine Angabe, die nach meiner Erfahrung zutreffend ist. Bei der Verpaarung von zwei spalterbigen Tieren (d. h. also 2 × Schwarz mit der verdeckten Anlage für Perlgrau) geht Regenstein von ¾ schwarzer und ¼ perlgrauer Nachzucht aus (s. o.), wobei diese 25 % dann Hennen wären.

Demnach läge nach seinen Ausführungen bezüglich der Farbe Perlgrau ein geschlechtsgebundener Faktor vor. Nach vielen Jahren der Zucht dieser Farbe kann ich die Aussagen Regensteins an dieser Stelle nicht bestätigen. Eine geschlechtsgebundene Vererbung ist nach meinen Erfahrungen und Zuchtbuchaufzeichnungen zweifelsfrei nicht gegeben. Aus diesen Ausführungen wird aber auch ersichtlich, dass nun in vermeintlich rein schwarzen Zuchtstämmen Perlgrau über Generationen verdeckt weitergegeben werden kann, wenn immer wieder spalterbige Schwarze – welche ja das Perlgrau nicht sichtbar in sich tragen – in schwarzen Zuchtstämmen eingesetzt werden.

Wissenschaftlich als Lavendel bezeichnet, wird bei der Farbe selbst ein gleichmäßiges zartes Hellblaugrau gefordert, wobei die leichte Pfefferung beim Hahn im Schmuckgefieder und bei der Henne im Schopf- und Nackenbereich als Farbreserve nicht nur gestattet, sondern zwingend erforderlich und daher keinesfalls zu strafen ist.

Grobe Fehler:
Viel zu helle oder zu dunkle Grundfarbe; zu starke Pfefferung; Rost oder gelber Anflug.

Rot

Mit gleichmäßiger Farbgebung haben auch die Roten immer noch zu kämpfen. Das Rot soll ebenmäßig ausgebildet und nicht stumpf sein. Besonders glänzend wird es im Halsbehang verlangt.

Untergefieder und Federschaft sind ebenfalls rot. Hier sind kleinere Aufhellungen ebenso gestattet wie etwas Schwarz in der Schwanzpartie.

Die Klippe des Anerkennungsverfahrens umschiffte der rote Farbenschlag erfolgreich mit der deutschen Wiedervereinigung.

Mit der Aufnahme der neuen Landesverbände in den BDRG wurde 1990 die Voraussetzung für die Übernahme/Anerkennung der in der ehemaligen DDR im Standard des VKSK enthaltenen Rassen und Farben geschaffen und somit sind die roten Seidenhühner seit 1991 im BDRG ganz offiziell anerkannt.

In der DDR zeigte Hermann Nohle 1968 die ersten Tiere im Anerkennungsverfahren. 1971 wurde der Farbenschlag anerkannt.

Grobe Fehler:
Stark fleckige oder bräunliche Oberfarbe; stark absetzende Halsfarbe; viel Ruß im Untergefieder; Weiß im Gefieder.

Gelb

Die Ansprüche an den Farbenschlag Gelb sind ähnlich.

Auch hier ist die gleichmäßige Farbverteilung Hauptforderung.

Untergefieder und Federschäfte tendieren zu etwas aufgehelltem Gelb. Leichter Bronzeanflug im Schwanz des Hahnes ist statthaft.

Grobe Fehler:
Stark fleckige Oberfarbe; stark rötliche Flügeldecken beim Hahn, Halszeichnung; zu weißliches oder rußiges Untergefieder; rein weiße Feder; rein schwarze Federn in Schwanz und Schwingen; Schilf.

Intensive Sonneneinstrahlung im Allgemeinen und einsetzender Legebeginn bei jungen Hennen insbesondere lassen die Gefiederfarbe schnell verblassen oder matt erscheinen. Dieses Problem zeigt sich im gelben Farbenschlag immer wieder.

Tipp
Ein beschatteter Auslauf und ein Brutbeginn unter Berücksichtigung des Schaukalenders, sozusagen „just in time", sind bei der Überbrückung dieses Problems sehr hilfreich.

Bei der Auswahl der Zuchttiere sowohl im roten als auch im gelben Farbenschlag ist die Standardformulierung zur Farbe der Federschäfte von großer Bedeutung. Diese werden entsprechend dem Farbenschlag rot bzw. gelb verlangt. Tiere mit der passenden Farbe des Federschaftes neigen in der Regel dazu, auch in der Oberfarbe zu begeistern. Mit anderen Worten: Sie werden nicht so schnell fleckig und Ruß im Untergefieder oder gar weißliches Untergefieder sind Tieren mit der Eigenart der passenden Farbe des Federschaftes grundsätzlich fremd.

Unter Berücksichtigung der Anforderungen des Standards bzw. zur Vermeidung von Inzuchtdepressionen wird man nach Jahren regelmäßig auf eine sogenannte fremde Blutlinie zurückgreifen müssen. Evtl. stellt sich gar die Frage nach einer Kombination des gelben bzw. roten Farbenschlages mit einem anderen Farbenschlag der Seidenhühner.

Auf den ersten Blick wird hier ein jeder zum Paradefarbenschlag der Rasse, den weißen Seidenhühnern, neigen. Dieser Farbenschlag stellt doch in der Regel in der Ausprägung der Rassemerkmale und insbesondere zum Thema Federbreite und Federlänge noch immer das Nonplusultra dar. Aber bei dieser Auswahl ist Vorsicht geboten. Das sogenannte nicht albinotische Weiß unserer Hühner ist keine eigentliche Farbe, sondern Farblosigkeit. Weiß ist bei Hühnern zudem in mehreren Arten bekannt. U. a. das Leghornweiß, das andere Farben mit Ausnahme des Gold unterdrückt, und das sogenannte rezessive Weiß. Beide Arten dieses Weiß können verdeckt Farbkomponenten tragen. Unsere Seidenhühner dürften in der Regel ein rezessives Weiß zeigen. Hier wird zumeist eine genetisch vorhandene Farbe vor ihrer Ausfärbung unterdrückt.

Vereinfacht ausgedrückt: Kreuze ich in meinen Bestand weiße Seidenhühner ein, so „kaufe ich die Katze im Sack" und ich bekomme ein unbekanntes Endprodukt, welches in späteren Generationen in der Mantel- und Untergefiederfarbe immer wieder mit dem Verdünnungsfaktor des Weiß zu kämpfen hat.

Setzen wir uns an dieser Stelle doch einmal mit der Farbbeschreibung des Standards bezüglich Rot und Gelb auseinander.

Diese Farben werden dort allgemein wie folgt erläutert:

Rot entsteht demnach durch eine starke Verdichtung des Rotpigments unter Zurückdrängung des Schwarzpigments auf Schwung- und Schwanzfedern. Dabei entsteht je nach Dichte der Pigmentkörnchen und evtl. Einlagerungen von Stäbchenschwarz ein stumpfes oder satt glänzendes Rot. Gelb hingegen verkörpert eine Auflockerung des Goldpigments und den Ausfall des Schwarzpigments. Die Gleichmäßigkeit und die Intensität der Farbe hängt hier u. a. von der Verteilung der Pigmentkörnchen ab. Beide Farben sind also u. a. vom mehr oder besser gesagt weniger vorhandenen Schwarzpigment abhängig. Dieses ist jedoch in seiner stärksten Anhäufung des Eumelanin (Stäbchenschwarz) aus der Wildfarbe als schwarze Gefiederfarbe bekannt.

Demnach bietet sich als Kombinationsmöglichkeit sowohl für den roten als auch den gelben Farbenschlag die schwarze und nicht die weiße Variante der Seidenhühner an. In der darauffolgenden Generation als Geschwisterverpaarung wird sowohl Rot als auch Gelb wieder zum Vorschein kommen.

Wildfarbig

Bei den nachfolgend beschriebenen Farben Wildfarbig und Silber-Wildfarbig hat es in den vergangenen Jahren bei dem Versuch, diese Farben so genau wie möglich zu beschreiben, diverse Überarbeitungen des Standardtextes gegeben. Wenn man sich vor Augen hält, dass im ersten Standard des BDRG nach dem Zweiten Weltkrieg lediglich die Angabe der Zulassung der wildfarbigen Seidenhühner ohne Beschreibung der Farbe enthalten war, wird man sich den Farbwirrwar und den Handlungsbedarf einer ausführlichen Beschreibung vor Augen halten können. Die später erfolgte Farbbeschreibung war jedoch mit der des VKSK in der ehemaligen DDR nicht identisch, sodass nach der Wiedervereinigung Deutschlands erneut Überarbeitungen notwendig wurden. Als Beispiel der insoweit erforderlichen Abstimmungen sei die unterschiedliche Beschreibung der Farbe des Schopfes genannt. Die in den vergangenen Jahren erfolgte Interpretation des Standards dahin gehend, die Seidenhühner züchterisch in der der Wildhuhnfärbung am nächsten kommenden Farbe der wildbraunen Altsteirer mit ihrer komplett schwarzen Brust zu erreichen, dürfte als nicht realisierbar einzustufen sein.

Es ist davon auszugehen, dass bei den Seidenhühnern die asiatische Variante der Wildfarbe vorliegt, welche unter anderem eine vollkommen schwarze Brustfarbe der Hähne ausschließt. Nachdem in 2006 die Bänderung im Mantelgefieder der Henne aus der Rubrik der groben Fehler ersatzlos gestrichen wurde, musste – unter Berücksichtigung der vorstehend genannten asiatischen Wildfarbe – der Standard konsequenterweise weiterentwickelt werden.

Unter Berücksichtigung des derzeitigen Zuchtstandes ist auf Anregung des Bundeszuchtausschusses nach einem intensiven Erfahrungsaustausch zwischen kompetenten Züchtern dieser Farbe und dem Sonderverein die Beschreibung der beiden Farbenschläge in 2007 erneut überarbeitet worden. Theorie und Praxis, Standard und Zuchtpraktiken müssen einander entsprechen, anderenfalls ist das Scheitern der Zucht vorprogrammiert und die Rasse oder der Farbenschlag zum Untergang verurteilt.

Im schwarzen Kopf und Schopf der Wildfarbigen werden daher nunmehr leicht bräunliche Einlagerungen nicht nur gestattet, sondern als normal betrachtet. Hals- und Sattelbehang sind goldbraun mit angedeuteten zarten schwarzen Schaftstrichen. Entsprechend der Farbe des Schopfes wird die Brust im Ideal nicht mehr vollkommen schwarz angestrebt, sondern geringe braune Einlagerungen sind auch hier als der Normalfall anzusehen.

Sattdunkelrotbraun sollen Schultern, Rücken und Flügeldecken wirken. Die Bindenfedern sind schwarz mit angedeutetem Braun. Der Schwanz wird nach wie vor schwarz verlangt, darf aber im Ansatz weiterhin graue Einlagerungen zeigen. Ebenfalls schwarz sind Bauch, Schenkel und Fußbefiederung, braune Einlagerungen sind hier als ganz normal einzustufen.

Geringe Veränderungen haben sich bei der Beschreibung der Arm- und Handschwingen ergeben. Schwarz mit braunem Außenrand bzw. innen schwarz, außen braun, ein mehr oder weniger ausgeprägtes Flügeldreieck bildend, werden diese nunmehr beschrieben. Die Henne wird im Gefieder des Kopfes, Schopfes und des Halsbehanges entsprechend dem Hahn beschrieben. Ihre Brustfarbe ist dunkel im Goldbraun und weist von Tier zu Tier unterschiedliche, teilweise schwärzliche Einlagerungen auf, die dann jedoch gestattet sind.

Mantelgefieder sowie Bauch-, Schenkel- und Fußbefiederung sind dunkelbraun mit schwärzlicher Rieselung. Armschwingen in Anlehnung an die Mantelfarbe, wobei auf dem geschlossenen Teil der braunen Außenfahnen die Rieselung mehr oder weniger bänderartig angeordnet ist. Die Handschwingen sind überwiegend schwarz. Der Schwanz ist wie beim Hahn schwarz, jedoch mit braunen Einlagerungen.

Grobe Fehler:
Zu strohige, gelbliche Farbe in den Behängen; graue oder schwärzliche Grundfarbe; zu helle Brustfarbe bei der Henne sowie hellgraues Aftergefieder oder Schilf.

Silber-Wildfarbig

Im „American Standard of Perfection“ wurde der in Europa bis 1965 unbekannte Farbenschlag im gesamten Mantelgefieder mit „battle-ship grey“ (Schlachtschiffgrau) beschrieben. Ein vereinzeltes Grau-Weiß wäre nur dann zugelassen, wenn es im Hals- und Sattelbehang der Hähne auftrete. Diese recht dehnbare und auch nicht ganz dem tatsächlichen Farbbild entsprechende

0,1 Seidenhühner mit Bart, silber-wildfarbig (Günter Droste, Porta Westfalica)

Formulierung wurde überarbeitet und 1966 wurde der Farbenschlag unter der Bezeichnung Silbergrau in den Standard des BDRG aufgenommen.

Aber nichts währet ewig, denn bei dieser Farbvariante bzw. bei der Beschreibung der silberhalsigen Farbe geht der Standard fast aller Rassen von einer lachsfarbigen Brust der Henne aus. Als Beispiel sei hier die Beschreibung der Dorking in Silberhalsig oder Silber-Wildfarbig (dunkel) und mit einer leichten Abweichung (lachsfarbig mit grauer Halbmondsäumung) die Koeyoshi genannt. Diese Brustfarbe haben die Seidenhühner jedoch nicht.

Ebenfalls von diesem Grundsatz abweichend sind die Satsumadori, silber-wildfarbig, Sussex, grausilber, Wyandotten, silberhalsig, und die Zwerg-Cochin, silberhalsig bzw. silberfarbig-gebändert (dunkel). Unter Abwägung dieser Zeichnungsformen und insbesondere der Beschreibung der wildfarbigen Seidenhühner dürfte die durch den BZA im Jahre 2004 gewählte Bezeichnung silber-wildfarbig wesentlich zutreffender sein.

Vergleichbar zum zuvor beschriebenen Farbenschlag Wildfarbig präsentieren sich die Silber-Wildfarbigen in Farbe und Zeichnung. Alles Braun bzw. Goldbraun wird hier durch ein dominantes Silberweiß, das aber kein Weiß im Sinne von Farblosigkeit ist, überdeckt. Der Silberfaktor ist zudem geschlechtsgebunden. Er ist beim Hahn doppelt und bei der Henne nur einfach vorhanden.

Dementsprechend sind Kopf und Schopf sowie die gegebenenfalls vorhandenen Bärte schwarz mit leicht silbrigen Einlagerungen. Hals- und Sattelbehang sind silberweiß mit angedeuteten schwarzen Schaftstrichen. Die Brust des Hahnes ist schwarz mit geringen silbrigen Einlagerungen. Schultern, Rücken und Flügeldecken sind silberweiß, die Bindenfedern schwarz mit angedeutetem Silbergrau. Der Schwanz ist schwarz, wobei auch hier genau wie bei den Wildfarbigen der Ansatz grau gestattet ist. Die Handschwingen sind schwarz mit silbrigem Außenrand, wobei die Armschwingen innen schwarz und außen silberweiß sein müssen, um dann ein mehr oder weniger ausgeprägtes silberweißes Flügeldreieck bilden zu können. Bauch, Schenkel und Fußbefiederung sind schwarz mit silbrigen Einlagerungen.

Die Hennen dieses Farbenschlages sind in der Farbe des Kopfes, des Schopfes – sowie, wenn vorhanden, des Bartes – identisch mit der Farbe des Hahnes. Der Halsbehang muss silberweiß sein und zeigt die bereits oben beschriebene angedeutete Schaftstrichzeichnung. Die Brust ist silbergrau, bei einzelnen Tieren treten auch hier schwärzliche Einlagerungen auf, die gestattet werden. Mantelgefieder sowie Bauch-, Schenkel- und Fußbefiederung sind aschgrau mit schwärzlicher Rieselung.

Die Farbe der Armschwingen gleicht der Mantelfarbe, wobei auf dem geschlossenen Teil der silbergrauen Außenfahnen die Rieselung mehr oder weniger bänderartig angeordnet ist. Die Handschwingen sind überwiegend schwarz. Der Schwanz ist ebenfalls schwarz, zeigt dabei aber silbrige Einlagerungen.

Grobe Fehler:
Eine zu schwärzliche Grundfarbe, gelber oder brauner Anflug sowie beim Hahn als typisches Zeichen der Einkreuzung des wildfarbigen Farbenschlages rötliche Federn in Behängen und auf den Flügeldecken.

Gesperbert

Die gesperberten Seidenhühner zeigten sich in Deutschland das erste Mal offiziell zur 25. Europaschau 2006 in Leipzig. In den Niederlanden, Belgien und Frankreich sind sie schon länger anerkannt. Den Sprung in den Standard des BDRG schafften sie auf Anhieb und wurden 2008 darin aufgenommen.

Jede Feder erscheint hier in mehrfachem Wechsel gleichmäßig schwarz und licht-

0,1 Seidenhühner mit Bart, gesperbert (Günter Droste, Porta Westfalica)

grau quer gesperbert. Die Querstreifen verlaufen bogig und sind nicht scharf abgegrenzt. Beim Hahn sind die Streifen von gleicher Breite. Die Henne hat breitere, schwarze Streifen und wirkt daher im Gesamtbild dunkler. Das Untergefieder ist nur schwach gezeichnet. Bedingt durch den Sperberfaktor, welcher zu einer Verdrängung der Farbpigmente in der Haut führt, ergeben sich Abweichungen gegenüber den übrigen Farbenschlägen der Seidenhühner. Die Lauffarbe ist hier fleischfarbig mit etwas dunklem Anflug. Schnabel und Krallen hornfarbig mit grauem Anflug.

Die Augenfarbe ist rot, wobei dunkle Pigmenteinlagerungen gestattet sind. Die bei den anderen Farbenschlägen schwärzlich blaue Haut ist hier weiß mit mehr oder weniger blauem Anflug. Die Verdrängung der Farbpigmente führt dann logischerweise zu einem roten Gesicht, Kamm und Kehllappen. Da die Henne im Gegensatz zum Hahn den Sperberfaktor nur einfach besitzt, sind bei ihr die Kopfpunkte in der Regel, aber nicht immer, mit einem dunklen Anflug versehen.

An dieser Stelle noch ein kleiner Warnhinweis an die experimentierfreudigen Züchter. Hier kombiniert der eine oder andere gern einmal aus dem Farbangebot seiner Rasse, seien es nun Seidenhühner oder andere Rassen, den gesperberten mit dem schwarzen Farbenschlag. Unter Berücksichtigung des geschlechtsgebunden vererbten Sperberfaktors ist das Ergebnis keine Hexerei und sehr schnell hat man in der Gefiederfarbe wieder ausstellungsfähige Exemplare, sowohl in gesperbert als auch in schwarz. Die Züchter berücksichtigen nur in den seltensten Fällen, dass der Sperberfaktor immer auch zur Unterdrückung von schwarzem Pigment in den Läufen führt. Reinerbig gesperberte Tiere haben fleischfarbige, eventuell grau angelaufene, keinesfalls jedoch schwarze Läufe. Ein entschiedenes Nein muss daher geäußert werden, wenn die gesperberten Tiere zur Aufbesserung von Schwarz dienen sollten. Innerhalb weniger Generationen, zumeist schon in der dritten, fallen schwarze Tiere an, die nicht mehr die ursprüngliche schieferblaue bis schwarze Lauffarbe haben. Das Erbe ihrer gesperberten Ahnen zeigt sich in aufgehellten Läufen. Damit sind sie im Wettbewerb eigentlich chancenlos und – was viel schlimmer ist – die gesamte schwarze Zuchtlinie wäre durch die Einkreuzung der gesperberten zerstört.

Grobe Fehler:
Stark ungleichmäßige Sperberung; brauner Anflug; Rost und Schilf.

Der Sperberfaktor als Farbverteilungsfaktor tritt selbstverständlich nicht nur in Kombination mit Schwarz auf. Er ist in vielen anderen Rassen mit anderen Grundfarben kombiniert. Auch in der Zucht der Seidenhühner und Zwerg-Seidenhühner ist diese Übertragung bereits erfolgt. Wenn auch nicht anerkannt, so sind doch u.a. schokoladenbraun-gesperbert, perlgrau-gesperbert sowie gelb-gesperbert bekannt. Sie alle zeigen die vorstehend beschriebene Abschwächung der Pigmentierung und die damit verbundenen roten Kopfpunkte.

Nach Beschlusslage der EE-Standard-Kommission vom 20.03.2015 ist eine Anerkennung weiterer Sperberungen nur möglich, wenn diese ausschließlich aus zwei Farben bestehen. Kennsperber als dreifarbige Variante sind damit von der Anerkennung ausgeschlossen.

Splash

Für die in der Zucht blauer Hühner anfallenden schmutzig weißen Nachkommen prägte sich zeitgleich mit dem Begriff Andalusier-Blau die Parallele, und zwar das Andalusier-Weiß. In den vergangenen hundert Jahren waren Tiere in dieser Farbe stets nur ein Mittel zum Zweck für die Zucht der blauen Gefiederfarbe oder wurden gar bei eventueller Unkenntnis des Vererbungsweges als „Ausschuss" deklariert. Als sogenannte „Fehlfarbe" war die gezielte Zucht andalusier-weißer Hühner als ein ungeschriebenes Gesetz für die Rassegeflügelzucht ein Tabuthema.

Dieses schmutzige Weiß ist jedoch weder schmutzig noch ist es weiß, sondern die Farbverteilung auf dem Tier insgesamt und insbesondere auch in der Feder selbst versteht es, einen besonderen, eigenen Reiz zu entwickeln. Im Jahre 2008 hielt der Farbenschlag im Verzeichnis der in Europa (EE) anerkannten Rassen und Farbenschläge erstmals Einzug.

Die Namensgebung Splash mag neu und ungewohnt sein, jedoch ist Splash eine international feststehende und allgemein anerkannte Bezeichnung unseres Andalusier-Weiß. Ins Deutsche übersetzt bedeutet Splash soviel wie Spritzer, Platscher oder Klecks.

Die offizielle Beschreibung dieses Farbenschlages lautet wie folgt: Grundfarbe bei Hahn und Henne ein gleichmäßiges, gräuliches Weiß bis sehr helles Blaugrau im gesamten Gefieder mit unregelmäßigen, unterschiedlich großen, dunkleren blauen Flecken auf den Federn. Einzelne schwarze Flecken gestattet. Die Zeichnung möglichst harmonisch und gleichmäßig über das gesamte Körpergefieder, einschließlich des Schmuckgefieders beim Hahn, verteilt.

Da jedes Tier eine individuelle Farbverteilung hat, wird es nie eine vollständig einheitliche Kollektion geben. Ob das Farbbild nun etwas heller oder dunkler erscheint, ist unerheblich. Daher ist hier bei der Bewertung wie überall Toleranz und Fingerspitzengefühl, keinesfalls jedoch der

0,1 Seidenhühner mit Bart, splash (Günter Droste, Porta Westfalica)

persönliche Geschmack des Preisrichters gefragt. Da sich die Farbverteilung nicht steuern lässt, sind Tiere in der Farbe Splash reine „Formentiere“.

Die Zucht dieses Farbenschlages ist relativ einfach, denn im Gegensatz zur Verpaarung blauer Tiere spaltet die Nachzucht nicht auf. Unter sich verpaart ist dieser Farbenschlag reinerbig.

Grobe Fehler:
Zu dunkle Grundfarbe; stark ungleichmäßige Zeichnungsverteilung; Säumung; Grünglanz; starker gelber Anflug; Rost; Schilf.

0,1 Seidenhühner mit Bart, weiß-schwarzgefleckt (Christian Hein, Halle)

Weiß-Schwarzgefleckt

Auf dem in der Grundfarbe weißen Tier verteilen sich möglichst gleichmäßig, offensichtlich ohne irgendeiner Norm zu folgen, mehrere ungleichmäßig große bzw. kleine, klar abgegrenzte rein schwarze Flecken. In Form und Größe sind diese unterschiedlich. Dieses Zeichnungsbild, das an eine bunte Kuh erinnert, gab diesem in den Niederlanden entstandenen Farbenschlag auch die volkstümliche Bezeichnung „Plattenbunt“.

Für die Zucht ist es wichtig zu wissen, dass es problemlos möglich ist, weiß-schwarzgefleckte Tiere miteinander zu verpaaren. Bei der Nachzucht fallen jedoch ungefähr 20 % schwarze Tiere, die restlichen 80 % sollten dann im Kükenalter, für ein gutes Jungtier, bereits schon die Fleckenzeichnung zeigen, wobei man die Verteilung, wie bereits gesagt, nicht steuern kann. Eine zu eilige Selektion sollte dabei in den Anfängen der Zucht nicht zu früh erfolgen, da für die Zucht auch Tiere mit geringer Fleckenbildung sehr wertvoll sein können.

Wichtig ist, dass es sich bei der Zeichnung um klar erkennbare Flecken handeln muss! Keinesfalls sollte man diese Variante aus einiger Entfernung mit Splash verwechseln können. Der Farbenschlag hat seit jeher Probleme mit der Farbe der Augen, d. h. einer nicht vollständig dunklen Pigmentierung derselben. Damit einhergehend gibt es ständig eine große Anzahl von Tieren, die keine durchgehend schwarzblaue Färbung der Haut, also auch der Kopfpunkte wie Kamm oder Kehllappen haben. Diese Probleme dürften im Zusammenhang mit der gefleckten Zeichnung stehen, welche auch in der Pigmentierung des Körpers erkennbar ist. Von daher sind für diesen Farbenschlag Besonderheiten im Standard formuliert. Bei Gesicht, Kamm, Kehllappen, den Augen und der Haut sind leichte, hellere Einlagerungen gestattet.

Grobe Fehler:
Gelber Anflug, stark ungleichmäßig verteilte schwarze Flecken; weiß durchsetzte oder stark ausgefranste Flecken; schwarze Schaftstriche in den Behängen; andere als weiße und schwarze Federn.

Schokoladenbraun

Ähnlich wie bei Perlgrau handelt es sich bei Schokoladenbraun um eine Verdünnung von Schwarz, die reinerbig gezüchtet wird. Eine lackreiche, glänzende Gesamterscheinung ist das Ideal. Dies lässt sich auf einer breiten Feder am besten erzielen. Der Standard fasst die Beschreibung mit „gleichmäßiges, dunkles, insbesondere beim Hahn glänzendes Braun“ zusammen.

0,1 Seidenhühner mit Bart, schokoladenbraun (Christian Hein, Halle)

Das Schmuckgefieder beim Hahn und der Halsbehang der Henne sind farblich etwas intensiver. Möglichst rein braune Federkiele sind der Schlüssel zum Erfolg in der Zucht. Für die Zucht ist es von besonderem Interesse zu wissen, dass dieser Farbenschlag geschlechtsgebunden vererbt wird. Im Gegensatz zur Henne trägt der Hahn die entsprechenden Erbfaktoren doppelt.

Grobe Fehler:
Zu helle oder stark fleckige Farbe, fehlender Glanz; Schilf.

Seidenhühner mit Bart

Die ersten Seidenhühner mit Bart kamen 1965 nach Deutschland. Es war kein Geringerer als der Ehrenmeister des BDRG und damalige 1. Vorsitzende des Verbandes der Zwerghuhnzüchtervereine und Vorsitzende des „Spartenausschusses für die Zucht der Zwerghühner im BDRG“, Georg Beck, Sprendlingen, welcher die ersten Bruteier bärtiger Seidenhühner aus den USA importierte.

1,1 Seidenhühner mit Bart, wildfarbig (Reinhard Lepper)

Zwerg-Seidenhühner

Es ist eine Tendenz unserer Zeit, kleinere Hühnerrassen zu bevorzugen. Die Ursachen dafür sind vielfältig und sollen hier nicht detailliert untersucht werden. Sie sind auch weitgehend bekannt und der Trend ist logisch einzuordnen. Sicherlich verdanken auch die Zwerg-Seidenhühner dieser allgemeinen Entwicklung ihre besondere Förderung, schnell steigende Verbreitung und Beliebtheit.

Einst Zwergrasse: Seidenhühner

Ihre Einführung im Verbandsgebiet des Bundes Deutscher Rassegeflügelzüchter (BDRG) vollzog sich nicht ganz schmerzfrei. Es gab unterschiedliche Meinungen über die Notwendigkeit dieses Vorhabens, zumal ja die Seidenhühner bis zu diesem Zeitpunkt als Zwergrasse galten.

Aber waren es wirklich Zwerghühner? Unter Berücksichtigung einer mir vorliegenden Ausgabe von Heft Nr. 77 der „Geflügelwelt", Chemnitz, vom 1.10.1912, in welcher das Gewicht des Hahnes mit ca. 4 Pfund und das der Henne mit ca. 2½ Pfund angegeben wird, ist es nachvollziehbar, dass diese Rasse in der damaligen Zeit nicht zur Gruppe der Zwerghuhnrassen gezählt wurde.

Wahrscheinlich war es eine Folge der seit 1933 erfolgenden staatlichen Einflussnahme auf die Vereine, denn zur 18. Deutschen Zwerghuhnschau 1939 begannen die Käfigreihen der Zwerghühner erstmals mit den Seidenhühnern, die man mit dieser Entscheidung bei den Urzwergen eingruppiert hatte. – Eine Entscheidung, welche auch nach 1945 nicht korrigiert wurde. Stattdessen werden in der ersten vollständigen „Musterbeschreibung" des BDRG von 1958/59 Seidenhühner in den Farben Weiß, Schwarz, Blau und Wildfarbig mit einer Gewichtsangabe von 1 000 g für den Hahn und 800 g für die Henne aufgeführt.

Aber dadurch, dass man in knapp 45 Jahren das Gewicht dieser Rasse fast halbiert, schafft man noch keinen Urzwerg! Hinweise auf ein echtes Zwerghuhnformat des Seidenhuhnes finden sich nämlich schon bei Einerts („Die Hühner, Beschreibung der verschiedenen Rassen", 1879), Borcharts („Die rationelle Geflügelzucht", 1909) und nicht zuletzt auch bei Dürigen („Die Geflügelzucht", 1922).

0,1 Zwerg-Seidenhühner mit Bart, wildfarbig (ZG Hovestädt)

0,1 Zwerg-Seidenhühner mit Bart, silberwildfarbig (V. Pategewsky, Großalmerode)

Wiedererzüchtung in den Niederlanden

In den Niederlanden begann in den 60er-Jahren des letzten Jahrhunderts die Wiedererzüchtung des Zwerg-Seidenhuhnes. Weiße „Sabelpootkrielen" (Federfüßige Zwerghühner) und Seidenhühner dienten ihrem Schöpfer D. van't Wout als Ausgangsrassen. Bei dieser Verpaarung stellte die angestrebte Seidenfiedrigkeit, welche sich rezessiv vererbt, das geringste zu überwindende Hindernis dar.

> ***Tipp***
> Sofern man sich neben der Zucht der Zwerg-Seidenhühner noch einer anderen Rasse verschrieben haben sollte, wird man alsbald feststellen, dass neben der üblichen Trennung der Geschlechter eine Vergesellschaftung der Hähne der Zwerg-Seidenhühner mit anderen Hähnen kaum oder gar nicht möglich ist.
> Die gleichzeitige Aufzucht von Hähnen der großen Seidenhühner mit den Hähnen der Zwerge ist zumindest bei mir an der frühzeitig einsetzenden Geschlechtsreife der Zwerge gescheitert. Eine Handvoll der Kleinen schaffte es stets problemlos, 20 bis 30 ausgewachsene große Burschen strammstehen zu lassen.

Viele Probleme traten in der Nachzucht auf; insbesondere die helle Farbe der Haut, helle Augen und auch fehlende Nägel an den Außenzehen, als ein Erbe der Federfüßigen Zwerghühner, galt es zu überwinden. Als ein weiteres hartnäckiges Erbe dieser Rasse stellten sich zudem die auch als Stulpen bekannten Geierfersen heraus. In schlechten Jahren waren somit manchmal nur zwei bis drei von ca. 150 erbrüteten Küken für die weitere Zucht tauglich.

0,1 Zwerg-Seidenhühner mit Bart, gelb (J. Perthun, Westensee)

Die von späteren Mitstreitern eingekreuzten seidenfiedrigen Chabo führten wiederum zu federfreien Läufen – aber auch zur Erzüchtung des schwarzen (1977), wildfarbigen (1978), blauen und silberwildfarbigen (1979), damals als silbergrau bezeichneten Farbenschlages. Eine Kombination mit Watermaalschen Bartzwergen ließ zudem bärtige Zwerg-Seidenhühner entstehen.

Aus den Niederlanden gelangten die Zwerg-Seidenhühner in die Schweiz, nach Schweden und Norwegen. Die 1985 im dänischen Herning ausgerichtete Europaschau war sodann das Sprungbrett dieser Rasse nach Deutschland. Zur 69. Nationalen Rassegeflügelschau in der Dortmunder Westfalenhalle vom 11. bis 13. Dezember 1987 wurden von 8 Ausstellern 10,14 weiße, 2,3 schwarze und 5,5 wildfarbige Zwerg-Seidenhühner der staunenden Züchterwelt präsentiert. Da bereits 10-mal die Note sg vergeben werden konnte, war die am 26. Mai 1988 ausgesprochene Anerkennung durch den Zucht- und Anerkennungsausschuss eine zwingende Folge der gelungenen Premiere. Und, obwohl nicht ausgestellt, erfolgte analog zu den nunmehr wieder großen Seidenhühnern die Zulassung der bärtigen Variante.

Geringer Platzbedarf

Diese Rasse hat seitdem einen ungeahnten Siegeszug angetreten. Das ruhige und zutrauliche Wollknäuel präsentierte sich auf den Sonder- und Hauptsonderschauen der letzten Jahre oft in solch großen Stückzahlen, dass sie quantitativ ihren großen Vetter oftmals überrundet haben.

Ein verhältnismäßig geringer Platzbedarf und eine auf den ersten Blick kaum zu erwartende Robustheit und Wetterhärte sprechen für diese Rasse. Dabei stellen sie sogar die sprichwörtliche Brutlust der Großrasse in den Schatten. Wer es versäumt, die Eier regelmäßig einzusammeln, muss sich nicht wundern, wenn die Hennen umgehend – und das nicht nur im Frühjahr – mit der Brut beginnen.

> ***Tipp***
> Bedingt durch eine ausgesprochene Frohwüchsigkeit, braucht der Bruttermin zudem grundsätzlich nicht vor dem Monat April zu liegen, um bereits im frühen Herbst ausstellungsfähige Jungtiere präsentieren zu können.

In dieser Frohwüchsigkeit und Robustheit liegt nach meinen Erfahrungen aber gleichzeitig auch der einzige Nachteil der Rasse. So ruhig und zutraulich die kleinen Kerlchen gegenüber ihrem Pfleger sind, so keck und frech sind sie gleichzeitig gegenüber anderen ihrer Art.

Naturgemäß ist auch bei dieser in Deutschland verhältnismäßig jungen Rasse nicht alles eitel Sonnenschein. So gab es beispielsweise früher immer wieder Tiere, die im Typ mehr den fast kreisrunden Erscheinungen der Cochin als der abgerundeten Würfelform der Seidenhühner ähnelten. Die schopf- bzw. haubenartigen Kopf-

0,1 Zwerg-Seidenhühner mit Bart, weiß (V. Pategewsky, Großalmerode)

punkte sind außerdem noch nicht immer ideal ausgeprägt. Auch mit der einheitlichen „Zwergengröße" gibt es noch etliche Kämpfe.

Wie groß/klein sollen nun unsere Zwerg-Seidenhühner sein? Diese Frage soll anhand der Faustregel für verzwergte Rassen beantwortet werden. Die Faustregel besagt, dass die Zwerge im äußeren Erscheinungsbild etwa 60 % und beim Gewicht etwa 40 % der Großrasse entsprechen. Als Standardgewicht für die Großrasse ist für den Hahn ein Gewicht von 1 700 Gramm und für die Henne 1 400 Gramm angegeben. Das Stockmaß (gemessen Oberkante Rücken) ist im Mittel beim Hahn mit ca. 27 cm und bei der Henne mit ca. 23 cm gemessen worden. Die Gewichte bei den Zwerg-Seidenhühnern sind im Standard beim Hahn mit 600 Gramm und bei der Henne mit 500 Gramm angegeben.

Umgerechnet nach den Faustzahlen, dürften unsere Zwerg-Seidenhühner ein Gewicht beim Hahn von 680 Gramm und bei der Henne von 560 Gramm aufweisen. Das Stockmaß dürfte beim Hahn ca. 17 cm und bei der Henne ca. 14 cm betragen.

Vergleicht man diese Zahlen mit dem Zuchtziel der anzustrebenden Größe, so kann man sagen, dass die Zahlenangaben genau den Rahmen widerspiegeln, der die angestrebte Größe/Kleinheit unserer Zwerge entspricht.

Skelett, Muskulatur und Federstruktur

Wenn wir von Größe, Gewicht und Proportionen sprechen, dürfen wir aber auch andere, wichtige Faktoren nicht vergessen, die dort mit hineingehören. Es sind die drei Elemente Skelett, Muskulatur und Federstruktur. Sie müssen beim einzelnen Tier zueinanderpassen.

Durch das Skelett werden Körperlänge, Körperbreite, Haltung, Rücken, Hals und Beinlänge sowie Fein- oder Grobknochigkeit bestimmt. Die Muskulatur füllt den Körper aus, bestimmt Form, Brusttiefe, Bauchpartie, Schultern und Schenkel mit. Die Federstruktur bildet vorrangig das äußere Erscheinungsbild. Weiches, flaumreiches Gefieder macht voll und rund, hartes Gefieder mit wenig Flaum macht schmal.

Die allgemeine Beurteilung erfolgt nach dem äußeren Erscheinungsbild. Die Bedeutung der verdeckten Elemente Skelett und Muskulatur werden häufig unterschätzt. Und gerade sie sind es, die die Grundlage der Leistungsfähigkeit und Vitalität unserer Tiere bilden. Vielen unserer Tiere fehlt im Verhältnis zur Kleinheit das nötige Körpervolumen. Nur ein Tier, das dieses besitzt, kann ein makelloses Gefieder aufbauen. In den Federn muss ein Kern stecken.

Wir müssen noch mehr als bisher unsere Zwerge in der Länge, der Breite und der Höhe betrachten und nicht nur das Gewicht als Maßstab ansetzen. Die Kleinheit und Leistungsfähigkeit unserer Zwerg-Seidenhühner sind die entscheidenden Punkte für ihre Beliebtheit.

Wir Zwerg-Seidenhuhnzüchter können mit Stolz sagen, dass in fast allen Farbenschlägen typische Vertreter mit der richtigen Größe/Kleinheit auf den Ausstellungen zu sehen sind. Es wird uns nicht gelingen, bei allen Farbenschlägen eine gleiche maßstabgerechte Verzwergung zu erreichen. Die Vielfalt spezifischer Rassemerkmale wird uns immer zu Kompromissen zwingen. Wir sind gefordert, das richtige Maß immer im Auge zu behalten und Unterschreitungen in der Größe genauso zu bemängeln wie Überschreitungen.

In der Beschreibung des Gesamteindrucks und der rassetypischen Merkmale wird auf den Text der Großrasse verwiesen.

Das dort Gesagte gilt auch für die Zwerge bis auf die Einschränkungen, die sich notwendigerweise aus der Körpergröße ergeben. Dies gilt auch für die Unterschiede von Zwerg-Seidenhühnern ohne und mit Bart.

Die Farbenschläge

Dass das züchterische Potenzial der im SV organisierten Fans dieser Rasse sich nicht nur auf die zuerst anerkannten drei Farben beschränken würde, konnte man sich bereits bei der Anerkennung der Rasse denken. Aber erst die inzwischen vorhandene breite Zuchtbasis machte es möglich, dass in den Jahren 2000 und 2003 die Anerkennung der silber-wildfarbigen und gelben Zwerg-Seidenhühner erfolgte. Die Farbpalette wurde 2004 bzw. 2007 mit den Perlgrauen und Blauen sowie zuletzt mit Splash vorerst vervollkommnet.

Im Gegensatz zu den großen Seidenhühnern sind somit bei den Zwerg-Seidenhühnern bisher lediglich die Farbenschläge **Weiß, Schwarz, Gelb, Wildfarbig, Siber-Wildfarbig, Perlgrau, Blau und Splash in den Varianten mit bzw. ohne Bart** anerkannt.

Grobe Fehler:
Wie bei der Großrasse beschrieben.

Noch nicht anerkannte Farbenschläge

Weiß-Schwarzgefleckt befindet sich derzeit im Vorstellungsverfahren. Die Festigung der Farbe, aber auch anderer Rassemerkmale, erfordert derzeit noch etwas Arbeit.

Aber auch die Gesperberte und Rote gibt es in Einzeltieren bereits in ansprechender Qualität des Öfteren in der AOC-Klasse zu sehen.

Zwei neue einfarbige Farbenschläge wurden bei den Zwerg-Seidenhühnern in den letzten Jahren anerkannt. Isabell in Dänemark und Zitron in Holland. Beide Farben wurden in die EE - Liste aufgenommen und Zitron ist bereits in der Sichtung gezeigt worden. Die ESK-G hat die beiden Farbenschlagbeschreibungen erstellt, die auch für künftige neue Rassen gelten.

Zitron: Das ganze Gefieder ein gleichmäßiges, relativ intensives, hell Zitronengelb. Etwas intensiveres Schmuckgefieder beim Hahn gestattet. Untergefieder ein wenig heller. Etwas von außen verdecktes Schwarz gestattet im Halsbehang und Schwingen. Etwas schwärzliche Einlagerungen im Schwanz gestattet.

Grobe Fehler:
Fleckige, viel zu blasse oder zu goldgelbe Grundfarbe; rötliches Schmuckgefieder beim Hahn; stark sichtbares Schwarz im Gefieder; Schilf.

Isabell: Das ganze Gefieder ein gleichmäßiges hell-gelbliches Beige. Etwas intensiveres Schmuckgefieder beim Hahn gestattet. Untergefieder ein wenig heller. Etwas von außen verdecktes Perlgrau gestattet in Halsbehang, Schwingen und Schwanz.

Grobe Fehler:
Fleckige oder zu dunkle Grundfarbe; stark sichtbares Perlgrau im Gefieder; Schilf.

Durchschnittlich 120 weiße bis cremefarbige und ca. 28 g schwere Eier legen die possierlichen kleinen Damen. Diese Angaben aus der Praxis der Zuchtbücher im BDRG decken sich sowohl mit der Legeleistungstabelle des BDRG als auch dem offiziellen Bruteier-Mindestgewicht. Für beide Geschlechter ist die Bundesringgröße 12 vorgegeben.

Siamesische Zwerg-Seidenhühner

Wie bereits bei den Seidenhühnern ausgeführt wurde, war noch vor 100 bis 150 Jahren die Unterscheidung zwischen dem dunkelhäutigen Japanischen Seidenhuhn und dem Siamesischen Seidenhuhn mit heller Haut selbstverständlich.

In älterer Literatur findet man immer wieder Hinweise und Abbildungen beider Rassen. Ganz bewusst wurde damals zwischen dem Japanischen Seidenhuhn, dem Siamesischen Seidenhuhn und, man höre und staune, auch damals schon dem Zwerg-Seidenhuhn unterschieden.

Unterschiede zum Japanischen Seidenhuhn

Bruno Dürigen (Katechismus der Geflügelzucht, 1889) und A. C. Eduard Baldamus (Illustriertes Handbuch der Federviehzucht, 3. Auflage 1896) beschreiben unter Berufung auf den englischen Zoologen und Ornithologen Edward Blyth (*23. Dezember 1810 in London; †27. Dezember 1873) als die Heimat dieser Rasse die Malakkahalbinsel in Südostasien und somit den Südteil der Malaiischen Halbinsel. Von dort aus soll der Weg über Singapur nach Ostindien und dann nach Europa geführt haben.

Wie zu erwarten ist die Rassebeschreibung bei Dürigen und Baldamus inhaltlich nahezu übereinstimmend. Demnach ähnelt die Rasse dem großen Japanischen Seidenhuhn, wobei sie jedoch etwas kleiner ist. Nach Dürigen hat diese Rasse eine rötlich weiße Haut- und Fleischfarbe. Baldamus verwendet an dieser Stelle den Begriff der „gewöhnlichen Haut- und Fleischfarbe“, während die Knochenhaut schwarz sein soll.

Weitere Unterscheidungsmerkmale zu den „Japanern“ sind ferner ein einfacher roter Kamm, rotes Gesicht, rote Ohr- und Kehllappen sowie ein gelber Schnabel und gelbe Füße. „Die Federhaube fehlt entweder ganz oder ist nur unbedeutend, die Füße sind entweder nackt oder befiedert, der Schwanz des Hahnes ist gut besichelt“, endet die Beschreibung bei Dürigen.

Auch in dem „Geflügelalbum“ des Tiermalers Jean Bungartz werden 1885 beide Varianten des Seidenhuhnes genannt und die Siamesischen Seidenhühner mit rotem Gesicht und Einfachkamm, jedoch ohne Haube oder Schopf abgebildet. Im Gegensatz zum Siamesischen Seidenhuhn stellt der gleiche Künstler die Japanischen Seidenhühner mit Rosenkamm und Schopf dar. Interessanterweise haben bei Bungartz und insoweit im Gegensatz zu Dürigen und Baldamus beide Rassen auf den Abbildungen schiefergraue Läufe.

In Deutschland wiedererzüchtet

Zum gleichen Zeitraum muss es noch eine weitere Variante der Siamesen gegeben haben. In der Zeit zwischen 1900 und 1960 finden sich in verschiedenen Quellen, insbesondere älteren Ausstellungskatalogen, Hinweise zu Seidenhühnern mit rotem Kamm und Gesicht und heller Haut sowie weißen Beinen. Teilweise waren diese Ex-

1,1 Siamesische Zwerg-Seidenhühner, weiß (S. Neumann, Bremen)

emplare glattfüßig und hatten auch nur 4 Zehen. Eine gezielte Weiterzucht bzw. die konsequente Durchführung eines Anerkennungsverfahrens ist jedoch nirgends verzeichnet. Von den Schauen des BDRG waren die hellhäutigen Seidenhühner seitdem wieder verschwunden.

Erst im Jahre 1989 fielen bei dem Zwerg-Seidenhuhnzüchter Sven Neumann aus Oyten wieder die ersten Tiere mit hellem Fleisch im Rahmen einer Mutation seiner „normalen“ Zwerge an. Eigentlich waren diese für die Küche gedacht, und dort wären sie sicherlich auch gelandet, hätte es nicht Hans-Dieter Prekel gegeben. Dieser erfahrene Züchter und Preisrichter entdeckte die Tiere eines Tages bei einem Besuch und rettete diesen damit das Leben. Nachdem in Teamarbeit etliches an alter Fachliteratur gewälzt worden war, wurde der Beschluss zur gezielten Weiterzucht gefasst. Orientierungsgrundlage der „neuen“ Rasse waren die bereits vorhandenen Zwerg-Seidenhühner, wobei als entsprechende Unterscheidungsmerkmale neben der hellen Fleisch- und Hautfarbe, den roten Kopfpunkten zusätzlich gelbe Läufe sowie ein gelber Schnabel gefordert werden sollten. Vergleicht man diese Merkmale mit der Beschreibung der damaligen Ausgangstiere, bekommt man unweigerlich Bauchschmerzen. Da waren viele Punkte, deren Veränderung angestrebt wurde.Zur Festigung dieser letztgenannten Merkmale wurde eine 0,1 Zwerg-Cochin mit in die Zucht eingestellt.

Herausforderung: Lauffarbe

Aber es waren nach wie vor die unerwünschten grauen Läufe nebst grauen Flecken auf den Schnäbeln vorhanden. Da sich Seidenfiedrigkeit rezessiv vererbt, waren wie erwartet sämtliche Küken dieser Nachzucht selbstverständlich mit „normalem“ Gefieder versehen.

Die ersten brauchbaren Tiere mit gelben Läufen und roten Ohrlappen, zudem seidenfiedrig, traten 1991 aus den Zwerg-Cochin-Kreuzungen auf. Man darf sich das jedoch nicht so einfach vorstellen. Es handelte sich dabei noch nicht einmal um 5 % der gesamten Nachzucht. Gelbe Läufe mit Ansätzen zur 5. Zehe gab es erst ein weiteres Jahr später. 1992 waren in der nächstfolgenden Generation neben den angestrebten gelben Läufen auch Ansätze zur 5. Zehe ersichtlich.

In den darauffolgenden Jahren stellten sich die gewünschten gelben Läufe als besonderer und schwierigster Knackpunkt heraus. Nur ca. jedes 10. Küken konnte dieses Ziel erreichen. Der überwiegende Teil, ca. ¾, hatte fleischfarbene Läufe, der restliche Anteil grüne oder graue. Ein Punkt, der die meisten Züchter hätte verzweifeln lassen, sofern man nicht vom ursprünglichen Ziel der gelben Läufe abgelassen und sich auf fleischfarbene umgestellt hätte.

Doch da Beharrlichkeit in den meisten Fällen zum Ziel führt und die gezielte Einkreuzung weißer Zwerg-Wyandotten in puncto Lauffarbe die gewünschte Verbesserung hervorbrachte, konnte nach dem Weg über das Sichtungsverfahren der Antrag auf Zulassung zum Vorstellungsverfahren gestellt werden.

Wenn man an diesem Punkt steht und in den vergangenen Jahren mehrere Hundert Küken im Auslauf und in der Hand gehabt hat, will man es als Züchter natürlich wissen.

Aber der Teufel steckt meist im Detail, welches sich im Jahr der Entscheidung in Form einer schlechten Befruchtungsquote zeigte und somit fast schon das gesteckte Ziel der schnellstmöglichen Anerkennung wieder infrage gestellt hätte.

Es müssen schließlich 1,1 Alttiere und 3,3 Jungtiere in zusagender Qualität präsentiert werden. Aber 10 Jahre Ausdauer in der Zucht müssen irgendwie belohnt werden, und so ist dann auch zur 70. Deutschen Zwerghuhnschau in Hannover 1998 der große Wurf gelungen. Die Anerkennung des Siamesischen Zwerg-Seidenhuhnes wurde am 6. Mai 1999 auch durch den Bundeszuchtausschuss in seiner Sitzung in Cottbus beschlossen.

Der Inzuchtdepression gegensteuern

Obwohl die Rasse seitdem eine doch angemessene Verbreitung gefunden hat, ist sie leider doch nicht so regelmäßig auf den Bundesschauen vertreten, wie es eigentlich zu wünschen wäre. Seit der Anerkennung sind nun etwas mehr als 10 Jahre vergangen und die anfängliche Euphorie, die alles Neue mit sich zu bringen scheint, ist inzwischen verpufft. Dieses doch so aparte Zwerghuhn sucht weiterhin nach neuen engagierten Züchtern.

Eine Ursache des zeitweiligen Rückganges in der Zahl der Züchter könnte bereits in den Ursprüngen der Rasse liegen. Die eine oder andere Zuchtaufgabe dürfte ihren Grund gegebenenfalls in einer schlechten Legeleistung, mangelhafter Befruchtung und einem entsprechend schlechten Schlupf, kurzum fehlender Vitalität, haben. In diesen Fällen könnte die Ursache hierfür in dem hohen Verwandtschaftsgrad (Inzuchtrate) der verwendeten Zuchttiere gelegen haben.

Man muss an dieser Stelle bedenken, dass im Rahmen der Erzüchtung die Grundlage lediglich auf 1,1 Zwerg-Seidenhühnern und im Rahmen von Einkreuzungen auf einer Zwerg-Cochin-Henne und einem Zwerg-Wyandotten-Hahn aufgebaut wurde. Hierbei handelt es sich aber ausdrücklich nur um eine Vermutung, welche sich lediglich auf einzelne Zuchten bezieht und somit keinesfalls für die Rasse im Allgemeinen gelten soll!

Potenzielle Interessenten sollten sich durch diese Ausführungen nicht abschrecken lassen; wäre dies ein allgemeingültiges Problem, so wäre die Rasse inzwischen sicherlich gänzlich ausgestorben.

Blick in die Vererbungslehre

Im Falle der Siamesischen Zwerg-Seidenhühner und ihrer noch immer nur geringen Verbreitung dürfte dieses voraussichtlich nicht ohne eine Fremdeinkreuzung zu bewerkstelligen sein. Im Rahmen der Erzüchtung der Rasse standen vor 20 Jahren Zwerg-Cochin und Zwerg-Wyandotten Pate. Sollte man auf diese wieder zurückgreifen? Ich meine nein.

Tipp
Beide Rassen hätten zwar die richtige Lauf- und Schnabelfarbe, würden jedoch mit den abweichenden Körperformen, der fehlenden 5. Zehe sowie den unterschiedlichen Kammformen mehr Probleme aufwerfen, als die zuerst genannten Punkte gutmachen könnten.
Auch wenn die unterschiedliche Haut-, Schnabel- und Lauffarbe gegebenenfalls abschreckend wirkt, die Lösung dürfte in der Kombination von Siamesischem Zwerg-Seiden-huhn × Zwerg-Seidenhuhn bzw. in der wechselseitigen Verpaarung dieser Rassen liegen.

Tipp
Empfohlen wird insoweit ein Studium des Kapitels „Die Vererbung der Lauffarbe" aus dem Buch von Armin Six „Vererbung bei Hühnern und Wassergeflügel", Verlag Oertel+Spörer, Reutlingen 2007.

Da die Vererbung der Lauffarbe beim Huhn durch eine Vielzahl von Faktoren hervorgerufen wird, können dabei je nach gewählter Verpaarung in der F_1 interessanterweise im Hinblick auf die Lauffarbe völlig unterschiedliche Ergebnisse zutage kommen.

Der Begriff F_1 wird in unserem Hobby vielfach verwandt. Er muss erst einmal schnell erklärt werden. Man verwendet diese Bezeichnung für die erste Generation („Tochter-" oder erste Filialgeneration, F_1 genannt) einer Zuchtlinie nach der Elterngeneration (Parentalgeneration = P).

Diese F_1-Generation stellt jedoch nie das züchterische Endergebnis dar. Unabhängig davon, ob ein dominant-rezessiver Erbgang vorliegt, bei dem alle Mitglieder der F_1-Generation die gleiche Ausprägung wie bei einem der Elternteile haben, oder ob ein intermediärer Erbgang vorliegt, bei dem alle Mitglieder der F_1-Generation eine Mischform der elterlichen Merkmale aufweisen, tritt nach den mendelschen Regeln ab der folgenden Generation (F2-Generation) vielfach eine Aufspaltung der Merkmale ein. Diese Nachkommen sind untereinander nicht mehr uniform, sie spalten sich bezüglich der Merkmalsausprägung auf. Dabei kommen die Merkmale der P-Generation wieder zum Vorschein.

Vereinfacht ausgedrückt bedeutet dies, verpaart man das Kreuzungsergebnis zwischen Siamesischen Zwerg-Seidenhühnern und Zwerg-Seidenhühnern wieder untereinander, so muss im 2. Jahr zwingend ein nicht unerheblicher Bruchteil der Nachzucht entweder die Merkmale der Siamesischen Zwerg-Seidenhühner (rotes Gesicht, gelber Schnabel, gelbe Läufe) oder der Zwerg-Seidenhühner (blaue Haut, hornfarbiger Schnabel, schwärzlich blaue Läufe) zeigen. Aus diesen Tieren gilt es nun die Zucht weiter auszubauen bzw. diese wieder in der ursprünglichen Linie mit einzusetzen.

Dass es sich bei den vorstehenden Gedankengängen nicht nur um reine Hirngespinste handelt, zeigen die Ergebnisse aus insoweit bereits durchgeführten Kreuzungen. Teilweise sind bereits im ersten Jahr Tiere angefallen, welche sich vom Phänotyp, dem äußeren Erscheinungsbild, her nicht vom Siamesischen Zwerg-Seidenhuhn unterschieden haben. Unter Berücksichtigung dieser Ergebnisse dürfte es doch kein Problem sein, diesem herrlichen Zwerghuhn – sofern erforderlich wieder etwas mehr Leben einzuhauchen. Verschiedene engagierte Zwerg-Seidenhuhnzüchter haben sich inzwischen, sozusagen als zweites Standbein, zusätzlich auch dieser Rasse angenommen und so braucht man sich um den Fortbestand dieser Variante sicherlich keine Sorgen zu machen.

Einziger Farbenschlag: Weiß

Das Siamesische Zwerg-Seidenhuhn ist nur im Farbenschlag Weiß anerkannt und bezieht seinen besonderen Reiz im leuchtenden Farbkontrast und der Kombination der Farben Weiß, Rot und Gelb.Bei reinweißer Gefiederfarbe findet sich die Farbe Rot ausschließlich in den Kopfpunkten wieder. Der kleine Kopf mit seinen orangefarbigen bis orangeroten Augen zeigt ein rotes Gesicht, einschließlich des Kammes und der Kehllappen. Die Ohrlappen werden klein, gleichmäßig ausgeprägt und für diese Rasse selbstverständlich auch in Rot verlangt. Die Farbe Gelb ist dann lediglich dem Schnabel und den Läufen vorbehalten. Die Erbmasse der Zwerg-Cochin mit ihrem gedrungenen, tief getragenen Körper und der für Zwerg-Cochin typischen Schwanzkruppe ist heute kaum mehr anzutreffen. Somit gleicht das Siamesische Zwerg-Seidenhuhn in den übrigen Punkten des Standards dem „normalen“ Zwerg-Seidenhuhn.

Die Gewichte beim Hahn werden mit 600 g, bei der Henne mit 500 g angegeben. Die durchschnittliche Legeleistung im Jahr beläuft sich auf ca. 100 Eier. Das Bruteier-Mindestgewicht wird mit 28 g angegeben. Die Ringgröße ist entsprechend derjenigen von „normalen“ Zwerg-Seidenhühnern ebenfalls 12.

Grobe Fehler:
Flache Brustpartie; schmaler oder langer Körper; abfallende Rückenlinie und Schwanzpartie; zu harte, nicht seidenweiche oder zu schwache Befiederung; stark ausgebildete, überlange Besichelung; zu wenig ausgebildete Steuerfedern; einzelne verdrehte Schwingenfedern; Fehlen der Federfahnen in Schwingen und Schwanz; mangelhafte Trennung zwischen Hinterzehe und fünfter Zehe; starke Stulpen- oder Latschenbildung; fehlende Laufbefiederung; dunkel angelaufene Farbe von Kamm, Gesicht, Kehl- und Ohrlappen; Weiß in Ohrlappen; dunkle Hautfarbe; angelaufene Lauffarbe; stark aufgehellte Augenfarbe; Schopfbildung mit eingeschränkter Sichtfreiheit.

Grobe Fehler:
Starker gelber Anflug des Gefieders.

Zwerg-Paduaner

Bei der geschichtlichen Betrachtung aller Zwerghuhnrassen sollte man zunächst auch auf ihre „erwachsenen Ahnen“ zurückblicken. Sie sind ja naturgemäß oft auch erheblich älter als die ihnen im Typ nacheifernden „verzwergten Urenkel“.

Die Urahnen unserer Zwerg-Paduaner, die Paduaner, werden oft als eine der ältesten Hühnerrassen mit scharfer, klar definierter Zeichnung angegeben. Das große Bildwerk des auch als Maler genialen Berliner Volksschulrektors Frisch enthält ein Bild aus dem Jahr 1763, das eine mit allen farblichen Raffinessen versehene goldfarbige Paduanerhenne darstellt. Noch älter jedoch sollen die Silberfarbigen sein. Heute kann man die Urgeschichte unserer Haubenhühner doch etwas genauer betrachten.

Aus der Entstehungsgeschichte

Nicht die Paduaner sind eine der ältesten Rassen, sondern Hühner mit ganz bestimmten Merkmalen, welche an das heutige Paduanerhuhn erinnern.

Nach ausführlichen Recherchen von Stanislaw Roszkowski aus Warschau sind vor mindestens 500 Jahren im damaligen Russland und Polen Landhühner aufgetreten, welche als Mutationserscheinung einen Schädelwulst aufwiesen, welcher mit Federn besetzt war, und Tiere mit Bartbildung um die Kehllappen herum. Diese Merkmale, Haube und Bart, vererben dominant über Tiere mit Kamm und Kehllappen, wodurch sich dieses Merkmal auf den Bauernhöfen festigte.

Da Mutationen auch durch Klimaeinflüsse entstehen können, wäre es naheliegend, das kalte russische Klima für die Entstehung von Haube und Bart in Betracht zu ziehen, ähnlich der Nackthalsigkeit in den warmen Gebieten der Erde. Weiterhin ist in der wildfarbigen und silber-wildfarbigen Bauernhuhnvariante ein Zeichnungsfaktor aufgetreten, welcher sich zu vielfältigsten Zeichnungsmustern durchsetzte.

1,0 Zwerg-Paduaner, schwarz (F. Peschke, Sebnitz)

Es ist die Verdickung von Farbpigment in der Feder, was später zu den Zeichnungsmustern Gesäumt, Doppeltgesäumt, Tupfung und anderen selektiert wurde. Wie wir heute wissen, überdeckt dieser Erbfaktor den Wildfaktor und auch einfarbige Tiere, sodass sich zu der damaligen Zeit Landhühner mit den Merkmalen Haube, Bart und saumartigem Federabschluss durchsetzen konnten.

Von Zucht kann man damals nicht sprechen, da dafür keine Möglichkeiten der Landbevölkerung vorhanden waren, sondern nur Tiere mit besonderen Leistungen zur Weiterzucht verwendet wurden. Später zeigt sich dann, dass sich der Adel solcher besonderen Exemplare der Hühner angenommen hat, diese schon gezielter verpaarte und somit einen Grundstein für die spätere Rasseentwicklung gelegt hat. Im westlichen Europa und in England dürften es die Seefahrer gewesen, welche besondere Hühner mitgebracht haben.

Eine konkrete Züchtung nach bestimmten Merkmalen setzte aber erst Mitte des 19. Jahrhunderts mit dem Beginn der Industrialisierung ein, jener Zeit, da erste Bevölkerungsschichten es sich leisten konnten, einer Liebhaberei nachzugehen und diese nicht zum Erhalt des Lebens benötigten. So sind die aus Russland und Polen stammenden Landhühner mit Haube und Bart in Oberitalien, in Holland, in England, in Frankreich und anderen Ländern weiter veredelt worden.

Aufgrund der Dominanz der oben angesprochenen Merkmale war das Endprodukt ein Landhuhn mit Haube und Bart sowie der heute noch faszinierenden Säumung.

Dies dürfte auch der Grund dafür sein, dass diese Rasse in der Welt mehrere Namen trägt und jeder für sich in Anspruch nehmen will, dass diese Hühner aus seinem Land stammen.

Dies ist in Polen und im englischsprachigen Raum das Polandhuhn, in Italien sind es die Paduaner (Padovana) und in Holland die Nederlands Baardkuifhoenders. Wie dem auch sei, so hat sich bei uns der Name des Paduanerhuhnes gefestigt und wir freuen uns darüber, dass durch die geschilderten Umstände eine so attraktive Rasse entstanden ist.

In England erzüchtet

Wie viele andere Zwerghuhnrassen sind auch die Zwerg-Paduaner zum Ende des 19. Jahrhunderts bei dem äußerst aktiven Züchter William Flamank Entwisle in Wakefield, unweit von Leeds, in England entstanden. Er soll bereits 1890 zehn verschiedene Farbenschläge gezüchtet haben, wobei es sich bei der Aufzählung auch um die Mischfarben handelt. So entstehen aus der Verpaarung von Chamois × Weiß cremefarbene Tiere, die in alten Beschreibungen als hermelinfarbig beschrieben werden.

0,1 Zwerg-Paduaner, weiß
(F. Peschke, Sebnitz)

Der Weg aufs Festland ließ nicht lange auf sich warten, und so wurden 1910, anlässlich der 14. Nationalen in Berlin, erstmals weiße Zwerg-Paduaner von M. Bachmann aus Grimma in Sachsen ausgestellt und sorgten für sehr viel Aufsehen.

Über die Verwendung von Rassen bei der Erzüchtung ist bekannt, dass unter anderem Sebright und große Paduaner verwendet wurden, was aber sicherlich nicht die einzigen Rassen waren, um den Größenunterschied beider Rassen zu überwinden, und da die Säumung äußerst dominant vererbt, kann das Zuchtziel auch mit anderen Rassen erreicht werden.

Bekanntlich haben die beiden Weltkriege die allgemeine kulturelle und zivilisatorische Entwicklung erheblich benachteiligt. Beide Kriege wirkten sich auch auf die Verbreitung und den Qualitätsstand der Zwerg-Paduaner äußerst negativ aus. Die verbliebenen dürftigen Bestände reichten jedoch gerade noch aus, um die Rasse und ein paar Farbenschläge zu erhalten.

Steigender Beliebtheitsgrad

Auch wenn heute lediglich acht Farbenschläge anerkannt sind, hat die Rasse einen Höchststand erreicht. Auf den jährlichen Großschauen stehen viele Spitzentiere, die in Typ, Form, Farbe und Zeichnung, einer zum Tier passenden Haube und der dazugehörigen Sichtfreiheit das Ideal verkörpern. Ihnen folgen viele die Zuchtbasis bildenden sg-Tiere, nur durch kleine Wünsche von der Spitzenklasse getrennt. Die sogenannten Ausfälle, Ausstellungsexemplare, die gerade noch „gut“ erreichen oder mit „b“ oder „u“ für die Zucht nicht mehr infrage kommen sollten, werden erfreulicherweise immer seltener. Angeführt von den Farbenschlägen

1,0 Zwerg-Paduaner, blaugesäumt
(F. Peschke, Sebnitz)

Schwarz und chamois-Weißgesäumt, sind sie auch in den sieben Farbenschlägen zahlenmäßig beachtlich vertreten. Hierbei ist die Tendenz deutlich steigend.

Dies stellen auch die Spitzenzüchter der Rasse laufend durch die rege Nachfrage nach Bruteiern und Zuchttieren fest.

Dieser steigende Beliebtheitsgrad liegt sicherlich auch an der Kuriosität, in der umfangreichen Auswahl und Vielfalt unseres schönen Rassegeflügels allgemein. Mit ihren vollen Hauben, dem federreichen, ungeteilten Kinn- und Backenbart und ihrem kessen Wesen, das sich durch ungewöhnliche Zuneigung und Zutraulichkeit zum Menschen auszeichnet, wirken sie besonders apart und reizvoll.

Allein davon sollte sich der Interessent jedoch bei der Anschaffungsentscheidung nicht beeinflussen lassen.

Ein Muss: Ausstellungsvorbereitungen

Bei der Zwerg-Paduaner-Zucht und -Haltung gibt es Probleme, über die man sich vorher im Klaren sein sollte. Die Haube verlangt eine ständige Ungezieferkontrolle und Vorbeugung gegen Parasitenbefall. Auch die Ausstellungsvorbereitungen zur Herstellung vollendeter „Frisuren" sind nicht ganz ohne. Hier gilt in ganz besonderem Maße der alte Spruch: ohne Fleiß kein Preis.

Zumindest in Typ, Form, Haltung und Stand sind alle Farbenschläge der Zwerg-Paduaner so durchgezüchtet, dass an diese Hauptmerkmale höchste Anforderungen gestellt werden können und im Interesse der Zucht und ihrer Ergebnisse auch gestellt werden müssen.

Schmale, spitze Typen mit flacher Brust, fehlender Unterlinie, stark abfallendem Rücken, zu hohem oder zu tiefem Stand, steil getragenem Abschluss (Eichhornschwanz) oder hängender Schwanzpartie (Käfigfeger) haben heute keine Chance mehr auf achtbare Bewertungsnoten. Dazu kommt die unbedingte Forderung nach Sichtfreiheit.

Erfreulicherweise sind unbrauchbare Tiere dieser Art schon seit einiger Zeit ausgesprochene Seltenheiten. Auf dem „flachen Lande", weitab von der ständigen Aufklärungsarbeit und Informationsbreite des Sondervereins, finden sich diese längst überholten Ausführungen leider immer noch. Sie sind lebendiger Beweis für die Notwendigkeit, den Wissensstand der Züchter auf aktuellen Stand zu bringen. Für gehobene Ansprüche an Form und Figur ist die ausgeprägte Landhuhnform die halbe Miete für eine Bewertungsnote ab „sg" und darüber. Das bedeutet, dass Züchter, Aussteller und Preisrichter auf einen gestreckten Rumpf mit fließender Rückenlinie ohne Ecken und Kanten zu achten haben. Die Schwingen sind anliegend zu tragen, was besonders im männlichen Geschlecht sehr oft Schwierigkeiten bereitet.

Hierbei ist allerdings zu unterscheiden, ob Zwerg-Paduaner-Hähne durch hohe Vitalität und temperamentvolles Wesen bei der Bewertung nicht lediglich eine Balzhaltung einnehmen. Etwas Geduld bei der Betrachtung des Tieres im Ausstellungskäfig ist deshalb oft angebracht. Wenn der amtierende Preisrichter ein paar Schritte vom Ausstellungskäfig zurücktritt, vielleicht auch zunächst den Hahn im Käfig daneben „bedient“ und nach drei Minuten wiederkehrt, hat ein angezweifelter Hahn inzwischen oft Ruhestellung eingenommen und zeigt sich fein in Form und Haltung.

Harmonie aller Körperteile

Erstklassige Zwerg-Paduaner sollen in der Haltung eine gewisse Eleganz ausstrahlen. Sie wird im Wesentlichen bestimmt durch die proportionale Harmonie aller Körperteile. Eine übergroße Haube auf einem zierlichen Körper wirkt unharmonisch, ebenso ein relativ stramm geratenes Zwerghuhn mit einer deutlich zu kleinen Haube. Ähnlich ist es mit der Standhöhe.

Kurze Läufe ohne sichtbare Schenkel wirken ebenso störend wie besonders lange Beine, die den Körper auf „schwindelige Höhen“ tragen, wenn man mal etwas übertreiben darf. Harmonie ist das Wort für Übereinstimmung und Ebenmaß. Für dessen Einschätzung gilt es, das Auge zu schulen.

0,1 Zwerg-Paduaner, gesperbert
(U. Weidmann, Hahnheim)

Bekanntlich wird die Form unserer Tiere wesentlich von der Befiederung bestimmt. Hier sind die Ansprüche an die possierlichen Zwerge aus der Familie der Haubenhühner sehr hoch zu stellen. Logischerweise sind Haube und Bart sowie reiche Halsbefiederung, im Fachjargon richtigerweise bildhaft „Mähne“ oder „Hengstnacken“ genannt, als wesentliche Rassemerkmale anspruchsvoll zu prüfen.

Auf der halbkugelförmigen Schädelerhöhung, die nach der durch die Eruptionen der gasförmigen Masse hervorgerufene Verformung der Sonne „Protuberanz“ genannt wird, soll eine gleichmäßig gerundete, volle und feste Haube mit möglichst breiten, gut geschlossenen Federn sitzen.

Bei der Bewertung wurde von jeher darauf geachtet, dass trotz dieser Vollhaube die Augen frei bleiben, sodass die Tiere in den Sichtmöglichkeiten zur Seite und nach unten nicht behindert sind.

Haubenhühner sind lebensfrohe, sich natürlich bewegende Tiere, die frohwüchsig heranwachsen und in ihren Ausläufen von früh bis spät unterwegs sind. In ihrer gesamten Verhaltensweise benehmen sie sich dem Federvieh gemäß.

Zuchtaufgabe: Sichtfreiheit

Sie sind auch nicht durch extreme züchterische Zielvorstellungen entstanden, sondern haben sich durch natürliche Mutation in Jahrhunderten entwickelt. Dass sich der Mensch in seinen Bestrebungen nach Vollkommenheit der Rasse angenommen hat, ist ein klitzekleiner Teil der Kultivierung dieser Welt.

Beim Zwerg-Paduaner-Hahn sind die Haubenfedern spitz auslaufend und fallen strahlenförmig, aber fest anliegend nach unten, immer das Auge frei lassend, ohne jedoch gescheitelt oder schief zu erscheinen. Bei beiden Geschlechtern sind die Tiere vorzuziehen, deren untere Haubenränder über den Augen frei sind und kleine Stützfedern nach oben haben.

Diese Prachtexemplare gibt es inzwischen sehr verbreitet. Dabei hat der Abstand vom Haubenrand zum Auge nichts mit dem freien Gesichtsfeld zu tun. Bereits beim Eintagsküken ist klar zu erkennen, ob die Haube einen entsprechend hohen Sitz haben wird. Ist dies nicht vorhanden, können die Tiere frühzeitig aussortiert werden, um sie später der Küche zuzuführen.

Als markantes Rassemerkmal beansprucht auch der Bart besondere Aufmerksamkeit. Dieser soll ein ungeteilter, voller Backen- und Kinnbart sein und darf die Sichtfreiheit zur Seite nicht behindern. Ein solcher Bart verdeckt die sehr kleinen Kehllappen, die aber natürlich erkennbar sind, ohne hervorzutreten. Wobei es wohl ohnehin einleuchtend ist, dass bei der geforderten Hauben- und Bartbildung sichtbares Kopffleisch (Kamm und Kehllappen) verpönt ist. Der Zuchtstand aller Farbenschläge lässt es zu, dass Tiere mit Kammfleisch konsequent zurückgesetzt werden, während etwas sichtbare Kehllappen und etwas Nasenfleisch großzügig behandelt werden sollten.

Zum umstrittenen Thema „freies Gesichtsfeld“ vermerkt der neue Rassegeflügel-Standard jetzt ausdrücklich: „Putzen zur Verbesserung der Sichtfreiheit gestattet“. Das Herausziehen von Federn wird dabei ausdrücklich verboten.

Einigkeit besteht wohl darüber, dass das möglichst unsichtbare Abschneiden einzelner unterer Haubenfedern über den Augen zulässig und nicht als „unnatürliches Merkmal (u. M.)“ einzustufen sei. In jedem Fall ist das Putzen zum Erreichen einer perfekten Sichtfreiheit im Schaukäfig mittlerweile eine Selbstverständlichkeit und muss vor der Schau erfolgen.

Widersprochen werden muss der recht verbreiteten Auffassung, dass die Augenfarbe bei Haubenhühnern unerheblich sei. Die Augenfarbe der Zwerg-Paduaner ist bräunlich; bei den Farbenschlägen Weiß und Gesperbert orangerot. Helle, perlfarbige Fischaugen sind abzulehnen. Die Augenfarbe unserer Tiere erzählt uns viel von deren Gesundheit, Vitalität und Lebenskraft. Entsprechender Wert ist ihr beizumessen. Zu weiteren wichtigen Merkmalen der Rasse gehört der Schnabel. Er ist blau bis hornfarbig und zeigt große, gleichmäßig aufgestülpte Nasenlöcher. Unharmonisch geformte Nasenlöcher führen leicht zu Deformationen des Oberschnabels bzw. zum Kreuzschnabel.

„Legebauch“ erforderlich

Auf den reichen Behang des mittellangen Halses wurde bereits ausführlich hingewiesen (Mähne, Hengstnacken). Die Brustpartie muss voll, gut gerundet und nicht ohne Stolz hoch getragen sein. Ihr schließt sich eine ausgeprägte Unterlinie an. Fehlender „Legebauch“ ist als Mangel anzusehen. Das gilt auch für den Hahn, denn was er nicht hat, kann er nicht vererben.

Hinter breiten Schultern darf die Rückenlinie leicht flach abfallen, sollte jedoch keinesfalls den Eindruck von steilem Stand erwecken. In jedem Fall sind fast waagerecht stehende Paduanerzwerge hochgereckten, spitz wirkenden Typen vorzuziehen.

Bei der Beurteilung der anliegenden Flügelhaltung ist auch auf eine dem Körper angemessene Schwingenlänge zu achten. Deutlich über den Rumpf hinausragende Flügel stören das Gesamtbild erheblich und sind entsprechend zu kritisieren. Die mittellangen Läufe sind bei den Schwarzen dunkelschieferblau bis schwarz und bei Gesperberten fleischfarbig mit dunklen Flecken. Die anderen Farbenschläge haben eine blaugraue Lauffarbe. Helle Zehen, wie sie manche Tiere zeigen, sind unerwünscht.

Bei aller Federfülle soll das Gefieder straff anliegen, wobei die Mähne naturgemäß etwas buschig wirken darf. Abgesehen von geringen Abweichungen in der Standhöhe, dem Körpervolumen sowie den bereits beschriebenen Haubenfederunterschieden gleicht die Henne im Typ dem Hahn.

Von der wichtigen Bewertungsnote „sehr gut“ an aufwärts auszuschließen sind alle Tiere, die den beschriebenen und unerlässlichen Landhuhntyp nicht bringen.

Abschließend wird noch einmal an die Sichtfreiheit erinnert. Nach dem neuesten Standard wird „eingeschränkte Sichtfreiheit“ bereits als grober Fehler bezeichnet. Dies kann bei wortwörtlicher Übernahme in die Bewertung zu bedauerlichen Fehlurteilen führen. Warum es keine Haubenhühner mit absolut freiem Gesichtsfeld geben kann, ist hier ausführlich dargestellt worden.

Die Haube verhindert in allen Fällen den ungetrübten Blick aufwärts, wenn die geforderte volle Rundhaube vorhanden ist, deren Federn den Kopf hinten und seitlich umschließen. Wenn man dies von den Hauben der Zwerg-Paduaner ausdrücklich fordert, dann kann man nicht gleichzeitig „eingeschränkte Sichtfreiheit“ pauschal bestrafen.

Grobe Fehler Rassemerkmale:
Schmale, spitze, flache Brustpartien; kümmerlicher Körper; zu hoher oder zu tiefer Stand; steil getragene Schwänze; schiefe, gescheitelte oder lockere Hauben; fehlende Schädelerhöhung; fehlende Sichtfreiheit in Augenhöhe des Betrachters; zu große, auf dem Kinnbart aufliegende Kehllappen; überhängende Augenwülste; Drehfedern, die gelegentlich gern in der Haube auftreten; schwach ausgebildeter oder gar fehlender Bart, den sich die fürsorglichen Tierchen beim Wegputzen von Futterresten nicht selten selbst verursachen, weshalb das Verabreichen von Pressfutter empfohlen wird; Kammfleisch, besonders der schon kritisch beurteilte Hörnerkamm, sowie schließlich falsche Lauffarbe. Dabei ist auch auf gut durchgefärbte Zehen zu achten.
Bei ansonsten erstklassigen Tieren ist eine gewisse Nachsicht bei schwachen, kleineren Aufhellungen im Vorderteil der Zehen angebracht.
Mit großer Aufmerksamkeit auszusortieren sind Tiere mit Übergröße, die sogenannten „Doppelponys“. Zwerg-Paduaner sollen deutlich das Zwergenhafte in ihrer Gesamterscheinung nachweisen.
Bei Glattfedrigen: zu loses Gefieder; schmale Federn.
Bei Gestruppten: mangelhafte Ausbildung des Gefieders; zu wenig aufgerichtete Federn; fehlende Federfahnen an Schwanz- und Schwingenfedern.

1,0 Zwerg-Paduaner, gelb-weißgesäumt, gestruppt (D. Schurman, Den Ham)

Tipp
Hier wird als Beurteilungsgrundregel empfohlen, bei der heimischen Ausstellungsauswahl und dann bei der Handbewertung durch den Preisrichter das Tier in menschliche Augenhöhe zu halten. Ist dabei das Auge von Hahn und Henne einwandfrei zu sehen, steht der Betrachter sozusagen Auge in Auge mit dem Tier, dann ist die unerlässliche Sichtfreiheit gegeben und kein Grund zu irgendwelchen Beanstandungen vorhanden.

Die Farbenschläge

Schwarz

Unter den acht zugelassenen Farbenschlägen sind heute die Schwarzen weit verbreitet. Bei diesem durchgezüchteten Farbenschlag sind an die typgerechten Rassemerkmale höchste Ansprüche zu stellen. Was hier nicht Federreichtum, Vollhaube mit dem geschilderten freien Gesichtsfeld, markanten Bart und ideale Landhuhnform zeigt, kann keinen Anspruch auf höhere Weihen und Ehrungen erwarten.

Herrliche Spitzentiere begeistern reihenweise die Fachleute bei Sonder- und Hauptsonderschauen. Die Spitzentiere unterscheiden sich heute nur noch durch feine Nuancen.

Das üppige Gefieder der Schwarzen muss sattkäfergrün glänzen. Es ist jedoch nicht ganz so einfach, den hohen Zuchtstand zu halten. Wie bei vielen einfarbigen Tieren kommt es mit fortschreitender Inzucht dazu, dass die Farbpigmente nachlassen. Wenn auch Alttiere generell einige weiße Federn in der Haube haben, so sollte bei Jungtieren höchstens mal eine weiße Feder in der Haube toleriert werden. Ein weiterer Zuchtschwerpunkt sind die Schwingen. Nur wenn diese breit, vollständig gleichmäßig in der Entwicklung und sattschwarz in der Farbe sind, kann eine entsprechend breite, farblich intensive und lackreiche Feder des Mantelgefieders erwartet werden.

0,1 Zwerg-Paduaner, schwarz
(F. Peschke, Sebnitz)

Tipp
Bei dem hohen Zuchtstand und der guten Verbreitung sollte doch ca. alle 6 bis 7 Jahre ein neues Tier einer anderen Blutlinie eingestellt werden.

Beim Farbenschlag Schwarz handelt es sich um das vollständige Überdecken mit Pigment in der Feder, bezogen auf die Wildfarbe, die in allen Farbenschlägen unserer Haushühner verdeckt erhalten bleibt. In der Nachzucht bei schwarzen Tieren gibt es immer wieder solche, die wildfarbige Hals- und Sattelbehangfedern bringen.

Auch wenn diese Tiere nicht zur Ausstellung geeignet sind, kann man damit den Grünglanz aufbessern. Je reinerbiger das

Schwarz wird, umso weniger Grünglanz ist vorhanden und auch die Lauffarbe wird immer heller.

> ***Grobe Fehler:***
> Fehlender Grünglanz; Violett im Gefieder; andersfarbige Federn; Schilf sowie viel zu helle Lauffarbe.

Chamois-Weißgesäumt

Von ähnlicher Bedeutung in der Verbreitung sind die Chamois-Weißgesäumten. Die als „ledergelb" deklarierte Hauptfarbe soll nicht zu hell sein. Hals und Sattelbehang des Hahnes sind rotgoldgelb, Haube und Flügeldecken noch etwas dunkler mit rahmfarbigem Abschluss, ohne einen Saum in diesen Regionen zu bilden.

Eine geschlossene rahmweiße Säumung haben der Schwanz, die Flügelbinden, die oberen Schulterfedern unter dem Halsbehang und die Brust bis in die unteren Schenkel. Hähne ohne geschlossene Brustsäumung sind für die Zucht wertlos, aber auch unter dem Halsbehang des Hahnes muss eine klare Säumung vorhanden sein. Die Hennen haben am ganzen Körper eine gleichmäßige ledergelbe Farbe mit einer geschlossenen Säumung um jede Feder. Der Bart ist ebenfalls rahmfarbig und oft auch gesäumt. Er darf etwas ins Weißliche spielen.

Vor allem der sogenannte „Hufeisensaum" ist strikt abzulehnen, der von der Federrundung aus nach hinten immer schmaler wird und schließlich ganz verläuft. Jede andersfarbige Feder, wie schwarz oder grau meliert, hat zwischen „chamois" nichts zu suchen. Die Lauffarbe ist blaugrau, die Augenfarbe rotbraun.

0,1 Zwerg-Paduaner, chamois-weißgesäumt (H. Plattfaut, Hamm)

Auch dieser Farbenschlag ist schon lange so gut durchgezüchtet, dass an Grundfarbe und Saum hohe Ansprüche gestellt werden können. Bei zu heller Grundfarbe ist ein Aufbessern über Gold-Schwarzgesäumt sehr zu empfehlen. Die ersten Nachzuchten davon haben noch einen grauen Schimmer im Saum und sind noch zu dunkel, aber in der darauffolgenden Generation als Geschwisterverpaarung kann bereits wieder mit Ausstellungstieren gerechnet werden.

Grobe Fehler:
Zeichnungsfehler wie beim Farbenschlag Silber-Schwarzgesäumt; stark ungleichmäßige, fleckige oder zu helle Farbe; starkes Schilf.

Gold-Schwarzgesäumt

Ein besonders attraktiver Farbenschlag ist Gold-Schwarzgesäumt. Der nicht ganz einfach zu erzielenden Farb- und Zeichnungswerte wegen führten die Gold-Schwarzgesäumten lange Zeit ein Schattendasein. In den vergangenen Jahren haben sie jedoch neue, zielstrebige und geduldige Freunde gewonnen, die diesen Farbenschlag an die Qualität der führenden Farbenschläge angeglichen haben. Heute gelten höchste Maßstäbe. Als Hauptfarbe ist ein gleichmäßiges, dunkles Ockergold anzustreben.

0,1 Zwerg-Paduaner, gold-schwarzgesäumt (H. Petri, Kirchhain)

Die Farbenschläge Gold-Schwarzgesäumt und Silber-Schwarzgesäumt müssen etwas ausführlicher betrachtet werden. Die gleiche Farbenschlagbezeichnung gibt es bei den Sebright oder bei den Wyandotten, obwohl alle drei Varianten nach anderen Vorgaben gezüchtet werden.

Die Sebright werden mit Columbiafaktor, d. h., es ist um den schwarzen Saum des Halsbehanges noch ein goldener bzw. bei Silber noch ein weißer Saum vorhanden, und mit weißem bzw. goldenem Schwanz mit schwarzer Säumung gezüchtet.

Die Wyandotten haben auch Columbiazeichnung im Halsbehang, aber schwarzen Schwanz, und die Zwerg-Paduaner sollen ohne Columbiazeichnung sein und mit goldenem bzw. weißem Schwanz mit schwarzer Säumung. Hier zeigt sich, dass es sich immer um den gleichen eingangs beschriebenen Erbfaktor handelt, welcher auf verschiedene Weise selektiert wird.

Darin liegt auch die Zuchtschwierigkeit. Der Columbiafaktor bewirkt, dass der Saum schmal und lackreich wird. Auch bei den Zwerg-Paduanern fallen solche Hennen immer wieder an und werden auf Ausstellungen wegen Vorsaums gestraft.

Über Jahrzehnte gab es im Standard bei der Farbbeschreibung für Hahn und Henne nur die falschen Ausführungen, dass jede Feder goldbraun oder silberweiß mit einem gleichmäßigen schwarzen Saum sein soll. Dies trifft nur für die Henne zu. Beim Hahn sind die Haube, der Halsbehang und der Sattelbehang so gezeichnet, dass die Feder im ersten Viertel schwarz ist, danach ca. zwei Viertel goldbraun bzw. silberweiß und schwarz endet.

Brustsäumung, die oberen Schulterfedern, die Flügelbinde und der Schwanz sollen wie bei der Henne mit reiner Grundfarbe und geschlossener, möglichst lackreicher Säumung sein. Immer wieder fallen Tiere, die entweder schon sehr breit im Saum sind und dadurch überzeichnet wirken, und solche, die zu hell sind. Dies ist dann, unter Berücksichtigung der anderen Rassemerkmale, auszugleichen.

Tipp

Dies kann mit Tieren aus anderen guten Zuchten erfolgen, aber auch die Zuhilfenahme anderer Farbenschläge ist bei genauer Kennzeichnung der Nachzucht möglich. Auch wenn der Silberfaktor über Gold dominant ist, bringt die Verpaarung der beiden Farbenschläge nur Nachteile. Die Gold-Schwarzgesäumten werden stets mit Schilf in den Schwingen zu kämpfen haben und die Silber-Schwarzgesäumten haben immer Hähne mit gelbem Anflug.

Deshalb sollte der Farbenschlag Gold-Schwarzgesäumt nur mit schwarzen Tieren aufgebessert werden, wobei nach ca. drei Jahren, indem im zweiten Jahr eine Geschwisterverpaarung vorgenommen wird, die reine Goldfarbe wieder vorhanden ist. Im Farbenschlag Silber-Schwarzgesäumt führt der Erfolg über die Verpaarung von Schwarz × Weiß.

Die erste Nachzucht aus dieser Verpaarung wird mit Silber-Schwarzgesäumt verpaart, und bereits in der zweiten Generation sind wieder ausstellungsfähige Tiere vorhanden und eine neue Blutlinie ist geschaffen.

Sehr wichtig ist aber eine reine Brustzeichnung der Hähne, die geschlossen bis in die Schenkel gehen sollte und unter dem Halsbehang vorhanden sein muss. Die Lauffarbe ist blaugrau, die Augenfarbe rotbraun.

Grobe Fehler:

Zeichnungsfehler wie beim Farbenschlag Silber-Schwarzgesäumt; stark ungleichmäßige, fleckige oder zu helle Farbe; starkes Schilf.

Silber-Schwarzgesäumt

Die gleiche Farb- und Zeichnungsbeschreibung gilt für Silber-Schwarzgesäumt. Anstelle der ockergoldfarbigen Federpartien tritt hier Silberweiß.

Als grober Farbfehler gilt eine stark gelbe Tönung, die besonders in Binden und Sattel leider noch immer auftritt. Auf dieses unschöne Erscheinungsbild muss geachtet werden. Auch bei diesen beiden Farbenschlägen ist es notwendig, nach gewissen Zeiträumen der Inzucht vorzubeugen.

0,1 Zwerg-Paduaner, silber-schwarzgesäumt (F. Peschke, Sebnitz)

Grobe Fehler:
Moosige, schwarze Einlagerungen im Mantelgefieder; Halbmondsäumung; fehlende Säumung an den Schwingen; zu blockige, breite Säumung; graue Saumfarbe; deutlicher, weißer Federrand an nicht dafür vorgesehenen Stellen (Vorsaum), insbesondere bei der Henne; graue Saumfarbe; gelber Anflug.

Weiß

Bei Weiß wird ein gleichmäßiges reines Weiß ohne jede andere Farbeinlagerung gefordert. Lediglich beim Althahn ist ein leichter gelblicher Anflug in Hals- und Sattelbehang erlaubt. Lauffarbe blau bis hellblaugrau. Augenfarbe rot.

Grobe Fehler:
Schwarze, graue oder melierte Farbeinlagerungen sowie deutlicher Gelbton bereits bei Junghähnen. Auch die Lauffarbe sollte nicht allzu aufgehellt sein, zumal es zunehmend Tiere mit blaugrauer Beinfarbe gibt.

Blau-gesäumt

Die Blau-gesäumten haben lange um ein reines, gleichmäßig helleres oder auch dunkleres Blau gerungen. Jetzt gibt es herrliche Farb-Tiere mit gleichmäßiger Tönung, die mit Säumung sein muss. Ungleichmäßige, scheckige Hauptfarbe wirkt unschön und reicht für höhere Noten nicht aus. Der Hahn erscheint in Haube, Bart, Rücken, Flügeldecken und Behängen dunkler.

Bei der Henne ist der Halsbehang im Ton dunkler. Die Lauffarbe ist blaugrau, die Augenfarbe rotbraun.

0,1 Zwerg-Paduaner, blau-gesäumt
(F. Peschke, Sebnitz)

Bei der Vererbung der blauen Farbe als spalterbigem Farbenschlag ist unumstritten, dass in der Nachzucht bei der Verpaarung von Blau × Blau zu etwa 25 % Schwarze, 50 % Blaue und 25 % Weiße mit fleckiger Zeichnung anfallen.

Tipp
Bei der Verpaarung von Blau × Blau über mehrere Jahre lässt der Farbstoff nach und die Feder wird immer schmaler. Deshalb sollte etwa im Abstand von 3 Jahren eine Farbstoffzuführung über Schwarz erfolgen. Dies geschieht mit einem reinerbigen schwarzen Hahn und einer aus Blau gefallenen weißen Henne. Die Nachzucht daraus ist immer blau, aber mit noch zu viel Schwarzpigment. Werden diese Tiere an die Nachzucht aus Blau × Blau gepaart, fallen wieder Jungtiere mit intensiver Behangfarbe der Hähne und schöner, gleichmäßiger, blaugesäumter Hennenfarbe.

Die verschiedenen Empfehlungen in Fachbeiträgen zum Erzielen einer einheitlichen blauen Farbe gehen sehr weit auseinander und gipfeln darin, dass eine sehr große Nachzucht für eine einheitliche Farbe notwendig ist.

> ***Grobe Fehler:***
> Rußige Grundfarbe; stark verschwommene Säumung; Grünglanz; Rost; Schilf.

Gesperbert

Die Gesperberten schließlich haben eine schwarze Grundfarbe mit blaugrauer, möglichst gleichmäßiger Sperberung. Ist diese mangelhaft ausgeprägt, ist sie ebenso grob fehlerhaft wie viel Rost sowie deutlicher Schilf in Schwingen und Schwanz.

Dieser recht seltene Farbenschlag ist auf gutem Wege. Deshalb sollte er durch übermäßig harte Urteile nicht behindert werden. Auch bei diesem Farbenschlag muss die Vererbung beachtet werden.

> ***Tipp***
> Nur wenn der Hahn in der Farbe etwa ein Drittel heller als die Henne und trotzdem klar gezeichnet ist, lassen sich klar gesperberte Hennen in der Nachzucht erreichen.

Die Lauffarbe ist fleischfarbig mit etwas grauem Anflug, die Augenfarbe orangerot.

> ***Grobe Fehler:***
> Stark verschwommene Sperberung; fehlende Sperberung im Schwanz; mehr als eine schwarze Handschwingenfeder je Seite; weiße Federn; Rost; Schilf.

Wildbraun

Zuletzt wurde zur Europaschau in Leipzig 2012 der Farbenschlag Wildbraun anerkannt. Er wurde von Stanislaw Roszkowski und Frank Peschke erzüchtet und damit ist erstmals die eigentliche Wildfarbe bei unseren Haubenhuhnrassen vertreten. Den Ausgang bildeten schwarze Zwerg-Paduaner und rebhuhnhalsige Thüringer Zwerg-Barthühner. Da die Wildfarbe in allen Farbenschlägen im Erbgut vorhanden ist und auch die Form der Thüringer Zwerg-Barthühner nicht wesentlich abweicht, galt das Hauptaugenmerk dem Erzüchten der typischen Kopfpunkte.

Farblich werden beim Hahn ein dunkelgoldfarbiger Kopf, Halsbehang und die Hauben mit schwarzem Schaftstrich verlangt. Der Sattelbehang ist rotgold mit schwarzem Schaftstrich. Die Handschwingen sind schwarz mit braunem Außenrand. Bei den Armschwingen ergibt der braune Federaußenrand das braune Flügeldreieck als wichtiges Farbmerkmal dieses Farbenschlages. Schwarz mit Grünglanz sind der Schwanz, der Bauch, die Brust, Bart und

1,0 Zwerg Paduaner, wildbraun
(F. Peschke, Sebnitz)

0,1 Zwerg Paduaner, wildbraun (F. Peschke, Sebnitz)

Binden. Teilweise vorkommende braune Zeichnung in diesen Regionen ist strikt abzulehnen.

Die Hennen haben einen dunkelgoldfarbigen Kopf und Halsbehang mit schwarzen Schaftstrichen. Die Haube sollte in der Farbe dem graubraunen Mantelgefieder angepasst sein. Im Mantelgefieder ist eine gleichmäßige schwarze Rieselung. Dabei treten die Federkiele hellbraun hervor. Die Brustfarbe ist ein intensives Rostrot, zum Bauch hin heller werdend. Die Schenkel und der Bauch sind graubraun. Schwarz sind der Schwanz und der innere Teil der Schwungfedern, während Letztere außen braun mit Rieselung sein sollen. Rotbraune Augen und blaugrau Läufe sind in dieser Variante rassetypisch. Nach der Anerkennung muss nun ein breiterer Züchterkreis gefunden werden, was bei der konstanten Vererbung der attraktiven Farbe nicht lange auf sich warten lassen sollte.

Glattfedrige und Gestruppte

Neben der glattfedrigen Variante sind seit 2009 auch alle Farbenschläge in der gestruppten Variante anerkannt und werden

0,1 Zwerg-Paduaner, schwarz, gestruppt (N. Niemeyer, Rheine)

bereits in bester Qualität gezüchtet und ausgestellt. Arie Boland aus Holland hat vor ca. 30 Jahren, unter Zuhilfenahme von gelockten Chabo, die bereits vor über hundert Jahren beschriebenen und abgebildeten gestruppten Haubenhühner neu geschaffen und dafür viele neue Freunde gefunden.

Im Unterschied zu den glattfedrigen Tieren sind hier die Kehllappen deutlich sichtbarer, da die Federstruktur ein völliges Überdecken nicht zulässt.

Tipp
Um einer Überstruktur der Federn vorzubeugen, sollten in regelmäßigen Abständen glattfiedrige Tiere in die Zucht eingestellt werden. Fehlende Federfahnen an Schwanz und Schwingen sind nach Standard grob fehlerhaft.

Noch nicht anerkannte Farbenschläge

Erfolgreich wurde in den vergangenen Jahren der Farbenschlag Dun in der AOC-Klasse gezeigt. Sicherlich wird diese Variante mittelfristig die Farbpalette der Zwerg-Paduaner nach erfolgtem Anerkennungsverfahren bereichern.

Pflegemaßnahmen

Neben den von besonderer Sorgfalt getragenen Haltungsbedingungen benötigen die Zwerg-Paduaner eine gründliche Schauvorbereitung. „Putzen“ ist bekanntlich erlaubt.

Spaziergänger fragen am Zaun der Zuchtanlage nicht selten interessiert: „Legen die auch Eier?“ Man kann sie dahin gehend beruhigen, dass sich auch Haubenhühner nicht mit dem Werfen lebenden Nachwuchses herumplagen müssen. Eine Zwerg-Paduaner-Henne bringt bei richtiger Pflege, Haltung und Fütterung im ersten Lebensjahr 120 bis 140 Eier im Gewicht von etwa 40 g. Das richtige Bruteigewicht ist mindestens 35 g. Der Hahn sollte etwa 900 g und die Henne 800 g wiegen. Mit den Bundesringen 13 für den Hahn bzw. 11 für die Hennen sind sie richtig beringt.

Tipp
Die Hauben sollten vor den Ausstellungen möglichst mehrfach mit handwarmem Wasser und mildem Shampoo oder grobkörnigem Waschmittel gewaschen werden. Das erledigt man am besten abends und stellt die Transportbehälter in einen Raum mit Zimmertemperatur. Am Morgen zeigen sich die Hauben dann oft in ungeahnter Pracht.

Zwerg-Holländer, Haubenhühner, Weißhauben

0,1 Zwerg-Holländer Haubenhühner, Weißhauben, weiß (N. Niemeyer, Rheine)

Ein Blick auf die Historie der Großrasse macht klar, dass es ohne sie die „Zwerge" nicht geben könnte. Ein Gemälde des holländischen Malers Jan Monkhorst aus dem Jahr 1657 zeigt bereits eine schwarze Henne mit weißer Haube. Sie und ihre Geschwister dürften zweifelsfrei Vorläuferinnen der Holländer Haubenhühner, Weißhauben, gewesen sein.

Es zeigt im Besonderen, wie alt die Mutation zur Protuberanzbildung und der fehlenden Pigmentierung im Farbstoff der Haubenfeder schon ist und wie dominant sich dieses Merkmal über Jahrhunderte gehalten hat.

Aus der Entstehungsgeschichte

Literarische Hinweise auf schwarze Weißhauben sowie weiße Schwarzhaubenhühner finden sich erst wieder um die Wende zum 19. Jahrhundert. Auf dem fast schon üblichen Umweg über England kamen sie im 19. Jahrhundert nach Deutschland. Es handelt sich hier also wiederum um eine Hühnerrasse mit großer Tradition und langer Geschichte. Diese Tiere sollen aber sehr groß gewesen sein.

Nachdem es in Osteuropa ernsthafte Züchter von Haubenhühnern gibt und diese recherchiert haben, muss auch darauf eingegangen werden, dass besonders im alten Russland wohl die ersten Hühner mit der Mutation der Protuberanzbildung und weißer Haube aufgetreten sind und wahrscheinlich Seeleute diese in den Westen Europas brachten. Diese Tiere hatten, wie heute noch im englischsprachigen Raum üblich, den Namen Polands. 1909 erzüchtete Karl Bosold aus Hamburg-Winterhude mit einem Hahn der Großrasse und Bantamhennen unabhängig eine deutsche Zuchtlinie und präsentierte die Ergebnisse erstmals 1912 im schwarzen Farbenschlag.

Interessant ist hierbei ein Zitat in dem Buch „Unsere Zwerghuhnrassen" von Paret mit folgendem Inhalt: „Die rassigen, zierlichen Hühnchen mit ihrer geschlossenen, vollen weißen Haube waren noch in den zwanziger und dreißiger Jahren die Perlen einer jeden Ausstellung. Wo sie erschienen, waren sie Mittelpunkt."

Durch die Zusammenarbeit holländischer und deutscher Züchter konnte so schon nach dem Ersten Weltkrieg ein hoher Zuchtstand erreicht werden.

Inzwischen liegen gesicherte Hinweise aus Originalfachzeitschriften der USA vor, dass dort zum Ende des 19. Jahrhunderts Zwerg-Holländer Weißhauben gezüchtet wurden und es somit offenbleibt, ob die Engländer tatsächlich eine der Großväter des Zwergformates sind.

Viele Jahre hatten die Zwerg-Holländer Haubenhühner, Weißhauben, einen züchterischen Schwerpunkt im heutigen Bundesland Thüringen. Heute sind sie in vielen Regionen Deutschlands zu Hause.

Spitzenzuchten sind nicht mehr nur auf einige wenige Idealisten beschränkt. Durch regen Zuchttieraustausch konnte der Zuchtstand auf ein breites Niveau gehoben werden und die Verbreitung wurde wesentlich verbessert. Somit konnte der Fortbestand dieser attraktiven Rasse für die nahe Zukunft gesichert werden.

Auch bei dieser Rasse haben die Kopfpunkte eine besondere Bedeutung. Wenn die Eigenheiten des Haubenhuhnkopfes nicht stimmen, werden noch so schöne Form- und Farbwerte sozusagen „automatisch" zweitrangig.

Haube als Zierde

„Ein schöner Giebel ziert bekanntlich das Haus" – wo könnte diese Volksweisheit mehr Bedeutung haben als bei den Hau-

1,0 Zwerg-Holländer Haubenhühner, Weißhauben, schwarz (B. Klein, Ockstadt)

benhühnern mit ihrem ausgeprägten, eigenwilligen Kopfschmuck.

Der mittelgroße Kopf hat die „Protuberanz" genannte, halbkugelförmige Auftreibung. Die Bedeutung dieses Begriffes ist bei den Zwerg-Paduanern ein paar Seiten zuvor ausführlich besprochen worden. Diese Halbkugel ist die Voraussetzung für eine ideale Haubenbildung. Im Unterschied zu der Protuberanz der Paduaner, welche nach eingehenden Untersuchungen wie eine halbe Birne aussieht, ist diese bei den Weißhauben eine Halbkugel.

Anzustreben ist eine reinweiße, korrekt geformte, gleichmäßig rund ausgebildete Vollhaube ohne Scheitelbildung. Eine möglichst kleine, dem jeweiligen Farbenschlag entsprechende Schnippe oder Schmetterling, unmittelbar über dem Oberschnabel, stützt im Wesentlichen den gesamten Haubenrand. Wobei ausdrücklich darauf hingewiesen wird, dass unsichtbares Frisieren nicht nur gestattet, sondern in den allermeisten Fällen sogar zwingend erforderlich ist.

Ohne die störenden farbigen Federn der Haube zu putzen ist eine korrekte Zeichnung nicht möglich. Übergroße, unförmige, sich in alle möglichen Himmelsrichtungen ausdehnende Schnippen sollten nicht nur dem Preisrichter ein Gräuel sein.

Leider sind sie, zumeist bei kleineren Schauen, noch häufig zu finden. Unerfahrene Aussteller sollten sich dringend über die Schnippenstruktur und deren Verbesserung beim Obmann der Zwerg-Holländer Haubenhühner, Weißhauben, im Sonderverein informieren.

Im Übrigen kommt es bei der Haube nicht allein auf deren Größe an. Gut gerundete Form, Festigkeit, harmonischer Abschluss zur Halspartie hin, der nicht „ausgefranst" wirken darf, und Übereinstimmung mit der übrigen Körpergröße sind entscheidend. Überproportionierte Hauben sind ebenso unschön wie kleine, mickrige Büschelhauben, welche die Harmonie der Gesamterscheinung negativ beeinflussen.

Ein zierliches Tier mit einer überdimensionalen Haube entspricht jedenfalls ebenso wenig den Idealvorstellungen wie ein richtig entwickeltes Exemplar mit einer dürftigen, lockeren, ungepflegten Haube. Die Musterbeschreibung fordert richtigerweise, dass die schmalen, spitzen, lang herabfallenden Haubenfedern den Kopf seitlich und nach hinten fest umschließen. Ausgeprägte Scheitelbildung sowie Drehfedern sind grobe Fehler, die von ehrenpreiswürdigen Noten ausschließen.

„Augenfreiheit" gewährleisten

Die vorderen sowie die unteren Federn geben der Haube Stütze, Stabilität und den richtigen Halt. Verstärkt sollte darauf geachtet werden, dass die Augen frei bleiben und dem Tier damit Sicht- und Orientierungsmöglichkeiten erhalten bleiben.

Absolute Sichtfreiheit ist auch bei dieser Rasse nicht einforderbar. Doch auch die

0,1 Zwerg-Holländer Haubenhühner, Weißhauben, gelb (O. Thiel, Sebnitz)

Weißhauben leben seit Jahrhunderten mit diesem attraktiven Kopfschmuck und sind dabei vital und beweglich geblieben. Gewisse Anregungen aus jüngerer Zeit, die Haube zukünftig kleiner, spitzer, schmaler, schopfartig verändern zu wollen, sind abzulehnen. Zum guten Gesamteindruck dieser Rasse gehört verbindlich die große, gut ausgebildete Vollhaube, welche zum Tier passen muss. Die im Sonderverein der Seidenhuhn- und Zwerg-Haubenhuhnzüchter aktiven Sonderrichter achten von jeher auf „Augenfreiheit".

Zahlreiche, immer wieder so vorgestellte Tiere werden in der allgemeinen Bewertung stets vorgezogen. Das bedeutet, dass Augenfreiheit als wichtiges Zuchtziel ständig gefordert und gefördert wird.

Zu den Kopfpunkten gehört die absolute Kammlosigkeit. Die Forderung wird allgemein erfüllt. Hörnerkämme werden konsequent mit der Note „u" gestraft. Mittellange, gut gerundete Kehllappen sollen jedoch in jedem Fall vorhanden sein. Hier hapert es bei jungen Hennen nicht selten. Auch ansonsten schöne Tiere ohne oder mit unterentwickelten Kehllappen können die Note „sehr gut" nicht mehr erhalten.

Zu den Bestandteilen der Kopfpunkte gehört auch der Schnabel. Hier sind die aufgetriebenen Nasenlöcher ein typisches Erkennungsmerkmal der Haubenhühner. Die Farbe des Schnabels, welche früher bei jedem Farbschlag gesondert beschrieben wurde, wird heute im Standard lediglich mit der Formulierung „Farbe in Anlehnung an die Lauffarbe, jedoch meistens heller" beschrieben. Wie bei vielen anderen Rassen auch, tauchten in letzter Zeit verstärkt Kehllappen-Querfalten auf. Sie sind in jedem Fall grob fehlerhaft. Solche Tiere gehören weder in den Ausstellungskäfig noch in den Zuchtstamm. Die Vererbung dieses groben Fehlers ist vorprogrammiert. Durch konsequente Auswahl der Zuchttiere konnte dieser Fehler deutlich eingedämmt werden, ist aber immer zu beachten.

Auch bei den Zwerg-Holländer Haubenhühnern, Weißhauben, bringt erst die richtige Form das erwünschte Format.

Die Rasse soll in ihrer Gesamterscheinung Eleganz und Robustheit sowie eine ausgeprägte Landhuhnform haben. Der Rumpf ist ohne Ecken, Kanten und Winkel, mit breiten Schultern, zum Abschluss sich verjüngend, gestreckt und mit ausgeprägter Unterlinie. Vor allem auf diese Körperpartie, auch „Legebauch" genannt, sollte aufmerksam geachtet werden. Sie ist unabdingbarer Bestandteil des Landhuhntyps, dessen walzenförmige Erscheinung nicht vernachlässigt werden darf.

Da die Federstruktur bekanntlich erheblichen Anteil an der Gesamterscheinung der meisten Rassen hat, wird dem Gefieder auch hier besondere Aufmerksamkeit zukommen. Nicht nur lockere Hauben, sondern auch loses, etwa herabhängendes Bauch- und Schenkelgefieder hat bei der Beurteilung keine Chancen auf höhere Noten. Zumal diese Tiere oft auch als zu tief stehend wirken. Vorgezogen werden stets festes, eng anliegendes Gefieder und ausgeprägte Federbreite.

Merkmal für Vitalität und Gesundheit

Auch wenn die Augen zunächst und auf den ersten Blick eine sekundäre Rolle spielen, weil sie von der Haube eingerahmt sind, muss die Augenfarbe beachtet werden. Sie ist ein wichtiges Merkmal für Vitalität und Gesundheit der Tiere. In diesem Fall sollen sie orange- bis braunrot sein.

Tipp
Unter Anwendung entsprechenden Fingerspitzengefühls darf aber hierbei nicht das Kind mit dem Bade ausgeschüttet werden. Bei gut entwickelten Hennen, die zwei Dutzend Eier in den vergangenen Wochen gelegt haben, sollte etwas nachlassende Augenfarbe großzügig toleriert werden. Fast farblosen Fischaugen soll jedoch nicht das Wort geredet werden. Praktisch nicht vorhandene Augenfarbe gehört in die unterste Etage unseres Bewertungssystems.

Wie bei vielen Zwerghuhnrassen bereiten auch bei den verzwergten Holländer Haubenhühnern, Weißhauben, Schwingenlänge und -haltung dem Züchter nicht selten Sorge. Flügel, die weit über die kleinen Körper hinausragen, verderben immer ein harmonisches Gesamtbild. Das Gleiche gilt für tief getragene Bantamflügel, ein Merkmal, das in mehr als achtzigjähriger Erbfolge immer noch nicht ganz überwunden ist.

Tipp
Besonders lebhafte Hähne zeigen oft die angeführte unerwünschte Flügelhaltung. Mit sorgfältiger Käfiggewöhnung ist hier nicht selten eine positive Änderung herbeizuführen.

Mitunter sind jedoch auch tolerante und nachsichtige Preisrichter zu entsprechenden Mängelbemerkungen veranlasst.

Grobe Fehler Rassemerkmale:
Schmaler Körper; hoher oder deutlich zu tiefer Stand; schiefe oder nach vorn überhängende Haube; starke Scheitelbildung; Drehfedern in der Haube; Hängeflügel; steil getragener Eichhornschwanz; deutlich sichtbare Kammbildung, vor allem Hörnerkamm; überhängende Haubenwülste; stark eingeschränkte Sichtfreiheit.

Schließlich ist auch zu berücksichtigen, dass die Henne bis auf die geschlechtsbedingten Unterschiede dem Hahn gleicht. Die Haube ist jedoch noch dichter und kugelförmiger.

Die Haubenfedern sind kürzer, breiter und abgerundet. Über dem Auge verlaufen sie bogenförmig und geben damit ausreichend Sichtfreiheit nach den Seiten und nach unten.

Die Farbenschläge

Schwarz

Am weitesten verbreitet sind die Schwarzen. An ihre typgerechten Rassemerkmale sind höchste Ansprüche zu stellen. Auf Rücksichtnahme ihrer Seltenheit wegen können sie sich nicht berufen. Bei den Sonderschauen und Hauptsonderschauen der vergangenen Jahre bestachen sie weitgehend durch hohen, sehr ausgeglichenen Zuchtstand mit steigender Tendenz.

Elegante Formen, reinweiße Hauben von hoher Festigkeit und mit exakten Schnippen, grün glänzendes Gefieder und schwarze, zumindest jedoch dunkelschieferblaue Läufe zeigten fast alle. Gerade deswegen sollte auf schwache Beinfarbe kritisch geachtet werden. Tiere mit hellgrauen oder gar fleischfarbenen Läufen haben weder etwas im Ausstellungskäfig und schon gar nicht im Zuchtstamm zu suchen.

Die Abstufung zwischen den Spitzentieren liegt heute in Einzelheiten, die sich lediglich gut informierten Fachleuten erschließen.

Grobe Fehler:
Glanzloses Federkleid; andersfarbige Haubenfedern; starker gelber Anflug in der Haube; Weiß im Körpergefieder.

Weiß

Einen hohen Zuchtstand haben in den vergangenen Jahren auch die Weißen erreicht. Kollektionen von 30 bis 40 Tieren sind bei der Hauptsonderschau keine Seltenheit mehr. Es bedarf naturgemäß besonderer Pflege mit entsprechend intensiver, gründlicher Schauvorbereitung. Ein strahlend reines Weiß sollten sie haben. Die Läufe sind hellschieferblau. Fleischfarbige Läufe sollten ansonsten einwandfreie Tiere in der Bewertung nicht zurücksetzen, werden aber immer weniger gezeigt.

Grobe Fehler:
Stark gelber Anflug sowie andersfarbige Federn.

Blau-gesäumt

Der Farbenschlag Blau-gesäumt sollte stets mit gleichmäßigem Stahl- bzw. Schieferblau antreten. Der Hals- und Sattelbehang der Hähne ist blauschwarz und die Läufe zeigen sich schieferblau.

0,1 Zwerg-Holländer Haubenhühner, Weißhauben, blau-gesäumt (H. Boling, Verden)

Selbstverständlich sollte sein, dass hier wie bei allen anderen Farbenschlägen die Haube reinweiß bleibt.

Grobe Fehler:
Deutlich ungleichmäßige Farbe des Mantelgefieders, zu dunkle, vor allem aber zu helle Tönung; rote oder gelbe Einlagerungen. Die Zuchthinweise bei den blaugesäumtern Zwerg-Paduanern treffen auch hier zu.

Gesperbert

Bei den Gesperberten stellt eine schwarze Grundfarbe mit möglichst durchgehender graublauer Sperberung das Ideal dar. Die Lauffarbe ist fleischfarbig bis leicht hellgrau, einzelne dunkle Schuppen sind gestattet. Bei den Zeichnungsanforderungen sollte zunächst noch etwas Nachsicht geübt werden. Passionierte Züchter dieses ebenso seltenen wie nicht ganz unkomplizierten

1,0 Zwerg-Holländer Haubenhühner, Weißhauben, gesperbert (H. Müller, Mittelbrunn)

Farbenschlages sollten durch übermäßig harte Kritik nicht gleich verprellt werden. Auch hier gilt, dass der Hahn ein Drittel heller als die Henne sein sollte, um eine klare Sperberung zu erzielen.

Grobe Fehler:
Sehr mangelhafte Sperberung, stark brauner Farbton oder komplett weiße Federn im Körpergefieder; farbige Federn in der Haube.

Schwarz-Weißgescheckt

Die Hauptfarbe der Schwarz-Weißgescheckten ist ein Schwarz mit reichem Grünglanz und weißer Federspitze, die Hennenzeichnung möglichst gleichmäßig verteilt. Hähne und Jungtiere zeigen erheblich stärkere Schwarzanteile.

Mit zunehmendem Alter muss die Zeichnungsfarbe jedoch markanter werden. Die Haube ist weiß. Fleischfarbige Läufe, bei denen einige hellere Schuppen gestattet sind, ergänzen die Beschreibung dieses leider noch recht raren Farbenschlages.

Grobe Fehler:
Rostiges oder mattes Schwarz; beim Hahn viel Weiß in den Schwingen, Steuerfedern und Sicheln sowie bei der Henne sehr grobe oder unterentwickelte Zeichnung, wobei gesagt werden muss, dass einzelne weiße Schwungfedern aufgrund der weißen Haube gestattet sind.

Die Besonderheit dieses Farbenschlages besteht darin, dass nicht über Jahre hinweg Schwarz-Weißgescheckte mit Schwarz-Weißgescheckten verpaart werden können,

Tipp
Bei Zuchttieren ist sehr viel Wert darauf zu legen, dass die Bindenzeichnung klar vorhanden ist und keine Tiere mit klecksiger Brustzeichnung zur Zucht verwendet werden. Auch einer schwarzen Schwanzfarbe mit weißem Federabschluss und der Treppenzeichnung im Flügel ist besondere Aufmerksamkeit zu schenken.

0,1 Zwerg-Holländer Haubenhühner, Weißhauben, schwarz-weißgescheckt (E. Müller, Mittelbrunn)

da sich die Zeichnung immer weiter ausbreitet. Durch Hinzunahme eines sehr guten schwarzen Hahnes fallen in der ersten Generation Tiere, die durch die hohe Qualität der Schwarzen in den Rassemerkmalen überzeugen, aber nur wenige weiße Spritzer aufweisen.

In der folgenden Generation, als Geschwister verpaart, stellt sich wieder die gleichmäßige Scheckung ein.

Gelb

Die deutsche Wiedervereinigung 1990 mit der Aufnahme der neuen Landesverbände in den Bund Deutscher Rassegeflügelzüchter (BDRG) brachte auch die Anerkennung der in der DDR zugelassenen Gelben. Hier ist besonders auf sattgoldgelbe Mantelgefiederfarbe Wert zu legen. Schwarzeinlagerungen im Schwanz sind bei beiden Geschlechtern gestattet. Untergefieder und Federkiele gelb, Haube weiß. Die Lauffarbe ist hellschieferblau, fleischfarbig vorerst gestattet.

Eine gewisse Zurückhaltung bei harscher Kritik und leichte Erweiterung der Toleranzgrenze haben bei diesem Farbenschlag in den letzten Jahren zu einer deutlichen Qualitätsverbesserung geführt. Der Farbenschlag wird von einem kleinen festen Expertenkreis gezüchtet. Gelb gilt bei allen Rassen als nicht ganz einfacher Farbenschlag.

Tipp
Eine Besonderheit besteht bei diesem Farbenschlag darin, dass fast alle Küken mit gelber Haube schlüpfen und diese erst in der letzten Feder weiß wird.

Dadurch hat schon mancher Züchter die Zucht vorzeitig beendet.

Grobe Fehler:
Stark ungleichmäßige, zu rötliche, bräunliche oder zu helle Farbe des Mantelgefieders; starkes Schilf, farbige Federn in der Haube.

Dun

Erst in den Neunzigerjahren des vorigen Jahrhunderts tauchte in Amerika eine neue Mutation der schwarzen Farbe auf und wurde nach dem Aussehen Schokoladenfarbig genannt. Luuk Hans führte nur kurze Zeit später diesen Farbenschlag in Holland ein und fand recht bald mehrere Liebhaber für diese neue und sehr attraktive Farbe.

In Deutschland hat sich besonders Konrad Kotte um die Verfeinerung der Tiere bemüht und im Anerkennungsverfahren gezeigt. Seit 2010 ist der Farbenschlag, heute unter dem Namen Dun, anerkannt. in Deutschland anerkannt. Es gelten die gleichen Forderungen an Typ und Haube wie bei den anderen Farbenschlägen.

0,1 Zwerg-Holländer Haubenhühner, Weißhauben, dun

Grobe Fehler:
Grob fehlerhaft sind jegliche andersfarbige Federn und fleckiges Mantelgefieder.

Die Farbe ist ein gleichmäßiges Schokoladenbraun bei beiden Geschlechtern, wobei der Hahn noch intensiver im Hals- und Sattelbehang ist. Bei der Henne muss eine schwache Säumung des Gefieders erkennbar sein.

Eine Besonderheit, die die Zucht dieses Farbenschlages ausgesprochen reizvoll macht, liegt in der Spalterbigkeit dieser Variante. Vergleichbar zur Vererbung blauer Hühner fallen hier aus der Verpaarung von Dun x Dun in der Nachzucht 25 % schwarze, 50 % dun und 25 % gräuliche Abkömmlinge (= Khaki). Der Farbenschlag Khaki befindet sich derzeit als Neuzüchtung im Anerkennungsverfahren.

Tipp
Werden „Khaki" × Schwarz verpaart, so fallen dunfarbige Tiere. Das Verhältnis dieser abweichenden Farben verhält sich aber in der Prozentzahl ähnlich wie bei spalterbigen blauen Tieren. Interessant ist die Tatsache, dass die dunfarbigen Küken am ersten Tag einen blauen Flaum mit braunem Schimmer darüber haben. Es gibt den Erbfaktor für Braun auch reinerbig, aber nicht bei den Haubenhuhnrassen. Deshalb wurde 2016 beschlossen, für die hier vorhandene heterozygote (spalterbige) Farbe wie bei den Tauben die Farbbezeichnung „Dun" zu verwenden.

Gestruppte Variante

Seit 2009 sind alle Farbenschläge der Zwerg-Holländer Haubenhühner auch in der gestruppten Variante anerkannt. Dabei sollen die Entstehungsgeschichte und die Zuchthinweise der gestruppten Zwerg-Paduaner beachtet werden. Die äußerst vitalen Vertreter dieser Federvariante haben recht schnell einige Liebhaber gefunden und bereichern unsere Sonderschauen.

In den letzten Jahren kam die Größe der Zwerg-Holländer Haubenhühner, Weißhauben, verstärkt in die Diskussion. Eine gewisse Tendenz zur Übergröße war unverkennbar. Das Zwergenhafte in Gestalt und Ausdruck muss auch bei dieser Zwerghuhnrasse gewahrt werden.

Ähnliches gilt sinngemäß für korrekte Lauffarbe, für die Kehllappenquerfalten sowie für Sporenbildung bei den Hennen. Auch auf den Mangel fehlender bzw. stark unterentwickelter Kehllappen wird nochmals hingewiesen. Tiere mit stumpfem Gefieder können höhere Bewertungsnoten nicht mehr erreichen. Auch Zwerg-Holländer Haubenhühner, Weißhauben, gehören sicherlich nicht zu den „pflegeleichtesten" Hühnerrassen. Erhöhtes Engagement ihrer Züchter und Halter ist Voraussetzung für Zucht- und Ausstellungserfolge.

Schutzmöglichkeiten anbieten

Bei Pflege und Unterbringung ist höheren Ansprüchen gerecht zu werden. Es müssen jedoch nicht immer überdachte Ausläufe sein, doch gewisse Schutzmöglichkeiten bei schlechter Witterung sind angebracht.

Als frei stehende „Schutzräume" haben sich auf Pfähle gestellte Stallungen bewährt. Unter solchen Dächern halten sich die Stämme bei schlechtem Wetter gern auf, ein Nachteil kann aber darin gesehen werden, dass die Tiere abends unter dem Stall sitzen bleiben. Regelmäßige Parasitenkontrolle und ggf. -bekämpfung sind unerlässlich. Dies gilt besonders für die

Kopfpartie, weil sich Haubenhühner auch bei zur Verfügung stehenden Sandbädern nur schlecht selbst helfen können.

Tipp
Ich favorisiere mehr die Wetterbeobachtung. Kündigt sich ein Dauerregentag an oder ist anhaltendes Nieselwetter, dann bleiben die Auslaufklappen frühmorgens zu. Kommt mal ein unvorhergesehener Regenschauer, so gibt das keinen Anlass zur Sorge.

Frisieren und Haubenwäsche vor den Schauterminen sind bei dieser Rasse immer erforderlich.

Zwerg-Holländer Haubenhühner, Weißhauben, gehören bestimmt zu den gewissen Extravaganzen der Rassegeflügelzucht. Ihre aparte Schönheit, die Eleganz in Haltung und Auftreten sowie die attraktiven Vollhauben sind gerade recht für Leute mit höheren Ansprüchen. Wobei allerdings auch ein besonders „gutes Händchen", Einsatzbereitschaft, Zuneigung und nicht zuletzt die wertvolle Züchtertugend Geduld vorausgesetzt werden müssen.

Ein aktiver Sonderverein steht dabei allen Interessenten mit Rat und Tat zur Seite.

Für den Hahn sind im Standard 900 g und für die Henne 800 g Lebendgewicht gefordert. Entscheidend ist nicht das exakte Gewicht, sondern die Gesamterscheinung der Tiere. Das Bruteier-Mindestgewicht beträgt 35 g. Hähne haben die Bundesringgröße 13, die Hennen 11.

Tipp
Hochgebundene Hauben geben freie Sicht, nehmen den Schreckeffekt und verbessern die allgemeine Orientierung. Dies wird besonders in den Sommermonaten angewendet, da sich die Jungtiere schneller entwickeln und somit für die Junggeflügelschauen in voller Schönheit und die Hennen mit voll ausgeprägten Kehllappen zeigen.

Zwerg-Holländer Haubenhühner, Schwarzhauben, weiß

Aus der Entstehungsgeschichte

Diese jüngste Variante der Zwerg-Holländer Haubenhühner wurde in einer beispielhaften internationalen Zusammenarbeit erzüchtet. Ausgehend von der Großrasse, wo dieser Farbenschlag seit Jahren in Holland anerkannt ist, und Zwerg-Paduanern begann Luuk Hans in Holland mit der Erzüchtung.

Da er von Anfang an Mitstreiter suchte und Tiere abgab, konnten in kurzer Zeit Heinz Mathys aus der Schweiz sowie Norbert Niemeyer, Konrad Kotte und Frank Peschke zur Miterzüchtung gewonnen werden. Diese tauschten jährlich Zuchttiere und Erfahrungen aus. Nachdem die Tiere in der Schweiz anerkannt waren, brauchte Norbert Niemeyer seine Tiere nur einmal im Vorstellungsverfahren zu zeigen, um die Anerkennung zu erreichen. Inzwischen ist der Farbenschlag auch in Holland anerkannt.

Nur im Farbenschlag Weiß

Während Rassemerkmale, Form und Kopf denen der Weißhauben entsprechen sollen, ist die Farbe und Zeichnung doch etwas ganz Besonderes.

Das Mantelgefieder ist beim Hahn weiß mit dunkelgrauem Untergefieder, Haube und Oberhals schwarz, Weiß im letzten

Drittel der Feder gestattet. Die schwarze Zeichnung beschränkt sich auf den Kopf und den oberen Halsbehang, nach unten abnehmend; wobei Hähne im Kopf mit heller Schaftstrichzeichnung sein dürfen. Dazu ist die Brust mit einem leichten schwärzlichen Saum versehen. Schwingen und Schwanz sind weiß.

Die Henne zeigt weißes Mantelgefieder mit dunkelgrauem Untergefieder, von außen gering sichtbare schwärzliche Einlagerungen sind gestattet. Die Haube ist schwarz. Der Oberhals ist schwarz, Weiß im letzten Drittel der Feder gestattet. Schwarz im oberen Halsbehang nach unten abnehmend. Schwingen und Schwanz weiß. Die Lauffarbe hellblaugrau.

Grobe Fehler:
Starker gelber Anflug; zu viele schwarze Einlagerungen im Mantelgefieder; Braun in Haube und Halsbehang.

Um diese sehr attraktive Zeichnung zu erhalten, muss man wissen, dass dieser Farbenschlag spalterbig ist. Es fallen in der Nachzucht, ähnlich anderen spalterbigen Farbenschlägen, ca. 25 % weiße Tiere,

0,1 Zwerg-Holländer Haubenhühner, Schwarzhauben, weiß (N. Niemeyer, Rheine)

50 % Schwarzhauben, weiß, und 25 % Silbersprenkel.

Die Küken schlüpfen, außer die Weißen, grau mit Flaumzeichnung. In der ersten Feder sind diejenigen am wertvollsten, die eine deutliche Zeichnung im Mantelgefieder zeigen. In der 2. Feder wird diese Zeichnung verdrängt und es bleibt nur das graue Untergefieder. Halsbehang und Haube werden in der 2. Feder intensiv in der Farbe und ergeben die interessante Zeichnung.

Für den Hahn sind im Standard 900 g und für die Henne 800 g Lebendgewicht gefordert. Entscheidend ist nicht das exakte Gewicht, sondern die Gesamterscheinung der Tiere.

Das Bruteier-Mindestgewicht beträgt 35 g. Hähne haben die Bundesringgröße 13, die Hennen 11.

Tipp

Jungtiere, die in der ersten Feder schon eine intensive Haubenfarbe und Halsbehangfarbe aufweisen, mausern in der 2. Feder immer heller. Der Züchter muss seine Zucht recht genau beobachten und mit Fingerspitzengefühl entscheiden, wann Farbstoff zugeführt werden muss bzw. ein weißes Tier verwendet werden muss.

Zwerg-Houdan

Wie in der Tierzucht in vielen Fällen üblich, benennen auch die Franzosen ihre Hühnerrassen vorzugsweise nach den Orten, in deren Gegend sie entstanden sind. Die Houdan haben ihren Namen unzweifelhaft von der westlich von Paris gelegenen Kleinstadt gleichen Namens.

Nebenbei gesagt ist es also eine Fehlinterpretation, wenn sie gelegentlich in der englischen Sprechweise als „Haudahn“ bezeichnet werden. Bekanntlich vernachlässigten die französischen Geflügelzüchter nur selten die Bedeutung ihrer heimischen Rassen für die Verwendung als Fleischlieferanten für die weltberühmte französische Küche.

Aus der Entstehungsgeschichte

Die aus dem Gebiet des Städtchens Houdan ab 1852 gelieferten Exemplare der schon recht stattlichen Rasse wurden durch Einkreuzungen von Brahma und ausgewählt schweren Dorking zu kompakter Form und reichlich Fleischmasse gebracht. Von den Dorking erbten sie dann auch die heute bei Großrasse und Zwergen unbedingt geforderte Fünfzehigkeit.

Auch in England wurden Houdan schon 1853 als Mastrasse empfehlend erwähnt. Kurz vor der Wende zum 20. Jahrhundert holten dann deutsche Züchter einige Zuchtstämme aus Großbritannien. Deren Nachkommen wurden erstmals 1905 in Dresden gezeigt.

Nach den beiden Weltkriegen waren Houdan in Deutschland nur noch in äußerst bescheidener Anzahl zu finden. Durch Importe aus Frankreich hat sich der Zuchtstand aber bald wieder stabilisiert, ohne jedoch eine groß zu nennende Züchtergemeinde zu finden.

Obwohl schon ca. 50 Jahre alt, gehören die Zwerg-Houdan doch zu den jüngeren Rassen in der Familie der Zwerg-Haubenhühner. Erst 1955 stellte der Bremer Zuchtfreund H. Schierloh hier diese verzwergte Form der Houdan vor. Vier Jahre später wurden sie dann im Gebiet des Bundes Deutscher Rassegeflügelzüchter anerkannt.

Recht unklare Überlieferungen erzählen von zwergenhaften Houdan, die es lange zuvor bereits in England gegeben haben soll. Sie sollen aus der Kreuzung von großen Houdan, Zwerg-Sussex und schwarzscheckigen Zwerg-Italienern entstanden sein.

Merkwürdigerweise gibt es jedoch keine schriftlichen Belege darüber, wie sie in vielen anderen Fällen vorliegen, die weitaus älter sind.

Vom Bremer Schierloh wissen wir jedenfalls, dass er große Houdan mit schwarzen Zwerg-Paduanern kreuzte. So entstanden nach gewisser Zeit bei sorgfältiger Zuchttierauslese typgerechte Tiere, die dem Vorbild ihrer großen Ahnen im Erscheinungsbild absolut gleichen.

1,0 Zwerg-Houdan, schwarz-weißgescheckt (E. Miebach, Bochum)

Vier typische Merkmale

Zwerg-Houdan haben gleich vier typische Rassemerkmale, die sie von allen anderen Rassen praktisch auf den ersten Blick unterscheiden. Vor der möglichst festen Vollhaube sitzt der Schmetterlingskamm. Die Kehle ist ausgefüllt von einem großen, vollfedrigen Backen- und Knebelbart, während die Läufe in fünf geraden, gut gespreizten und voneinander deutlich getrennten Zehen enden.

Sind es diese scheinbar nicht ganz einfach in der Vollendung zu erzielenden Merkmale, welche die Verbreitung der Zwerg-Houdan stets in überschaubaren Grenzen hielten?

Ich denke nein, jede Rasse und jeder Farbenschlag hat seine Eigenarten und Zuchtschwerpunkte. So gesehen sind die doch sehr gefestigten Rassemerkmale der Zwerg-Houdan im Verhältnis gesehen nicht schwieriger zu erreichen als solche weit verbreiteter, sogenannter einfach zu züchtender Rassen. Als sehr erfreulich muss die in den vergangenen Jahren eingetretene Verbreitung dieser Rasse angesehen werden.

Hatte man sich auf den Hauptsonderschauen inzwischen an eine regelmäßige Präsenz zwischen 20 und 30 Tieren gewöhnt, so ist die 37. HSS in Langendiebach des Jahres 2002 jedoch als Meilenstein dieser Rasse anzusehen. In noch nie da gewesener qualitativer und quantitativer Weise präsentierten acht Züchter sage und schreibe 65 Zwerg-Houdan.

Dieses Highlight liegt aber nun schon wieder mehr als zehn Jahre zurück und in dieser Zeit sind einige der aktiven Züchter leider verstorben. Als Folge davon sind zurückgehende Ausstellungszahlen zu vermelden, sodass heute wieder händeringend nach neuen Züchtern gesucht wird.

Extravaganz

So kann die Hoffnung bestehen bleiben, dass diese aparte Rasse zukünftig weitere Freunde und Liebhaber findet, die sich der züchterischen Herausforderung stellen.

Wer den typgemäßen Anforderungen gerecht werden will, muss sich auf ein massives, gedrungenes Landhuhn mit stattlicher Hauben- und Bartbildung, interessanter Kammform sowie einwandfreier Fünfzehigkeit einstellen.

Durch diese Extravaganzen in ihrer Erscheinung finden die Zwerg-Houdan auf den Ausstellungen ein besonders aufmerksames Publikum. Die hohe Legeleistung, problemlose Aufzucht der Küken sowie vor allem die hochwertige Fleischqualität entschädigen für manche Mühen.

Bei der Beurteilung des Rassewertes ist auch hier zunächst der Gesamteindruck entscheidend. Dabei ist die ausgeprägte, breite Landhuhnform die Grundlage des Urteils. Der gestreckte Rumpf wird waagerecht getragen. Er soll auffallend tiefe Walzenform zeigen, wobei hier auf den mitunter verwendeten Begriff „grob" bewusst verzichtet wird, um nicht in eine falsche Richtung zu weisen.

Der mittellange Hals soll mit reichem Behang ausgestattet sein. Die volle Schwanzpartie mit breiten und gut gebogenen Sicheln und Schwanzdeckfedern wird gut angehoben, jedoch nicht etwa steil getragen. Die Schwingen sind mäßig lang und sollen straff anliegen. Lockere oder steil getragene Flügel in Bantammanier sind fehlerhaft.

0,1 Zwerg-Houdan, weiß
(A. Brauckmann, Bottrop)

Hinter breiten Schultern liegt ein mäßig langer Rücken, der nur leicht abfällt. Der Sattel ist voll und mit Behang reich befiedert. Breit, tief und gut gerundet sollen Brust und Bauch sein.

Der Kopf wirkt verhältnismäßig groß. Das rote Gesicht ist teilweise vom ausgeprägten, vollfedrigen Backen- und schleierförmig herabfallenden Knebelbart verdeckt, unter dem auch die möglichst stark verkümmerten Kehllappen völlig verschwinden.

Schmetterlingskamm beachten

Das Beste am Zwerg-Houdan ist für meinen Geschmack sein Schmetterlingskamm. Er besteht in der Regel aus zwei nebeneinanderliegenden Blättern in mittlerer Größe. Diese sollen dabei flach und mit mäßig großen Einzackungen versehen sein. Im Idealfall erinnert er wirklich an die Flügel eines Schmetterlings oder die Geweihschaufeln eines Elches.

Dass ja niemand auf die Idee kommt, hier nach Gabel- oder Doppelzacken zu suchen, die gibt es nur bei einfachen Kämmen!

In der Mitte darf man kleine Unebenheiten schon dulden, aber keinen im Endergebnis dreireihigen Kamm.

Auch eine dem Becherkamm ähnliche Kammbildung entsprechend den Augsburgern muss man zumindest kritisch im Auge behalten.

Wenn beim Augsburger schon mehr als 2 Kammzacken unerwünscht sind, dann sollte beim Schmetterlingskamm der Zwerg-Houdan diese Zackenzahl erst gar nicht erreicht werden.

Auch ungleichmäßige und vor allem schiefe Kämme vermindern den Wert des betreffenden Tieres.

Zurückgeworfene Haube

Weil die Ohrscheiben vom Bart verdeckt werden, sind sie bei der Beurteilung bedeutungslos. Die durch die zurückgeworfene Haube gut sichtbaren Augen sind rotgelb bis rotbraun. Helle oder andersfarbige Augen können nicht akzeptiert werden. Ein wichtiges Rassemerkmal ist die große, möglichst feste Haube, die zurückgeworfen getragen wird, sodass Kamm und Augen frei bleiben. Zu flache Hauben wirken störend.

Die mittellangen Schenkel sind fast im Bauchgefieder versteckt und daher wenig auffallend. Die ebenfalls mittellangen Läufe sind hornfarbig mit dunklen Flecken.

Von der Eigenart der Fünfzehigkeit war schon ausführlich die Rede. Die Zehen sollen gerade, gut gespreizt und die lange fünfte Zehe deutlich von der vierten getrennt und aufwärts gebogen sein.

Das reich entwickelte Gefieder liegt fest an und ist in Hals- und Sattelbehang besonders üppig entwickelt.

Grobe Fehler Rassemerkmale:
Schwacher oder schmaler Körper; flache Brust; gesenkt getragene Flügel; stark abweichende Kammbildung; schwache oder schiefe Haube; lückenhafter Bart; eingeschränkte Sichtfreiheit; stark abweichende Entwicklung und Stellung der fünften Zehe.

Die Farbenschläge

Schwarz-Weißgescheckt

Bei der Variété Cailloutée, wie der Farbenschlag Schwarz-Weißgescheckt in Frankreich genannt wird, handelt es sich um die ursprüngliche Variante dieser Rasse.

Die Hauptfarbe ist ein grün glänzendes Schwarz, wobei die Federenden weiße Flecken haben. Sie treten in manchen Körperteilen auch als halbmondförmige Säume auf. Die Haubenhinterseite ist weitgehend weiß.

Bei Hähnen sowie bei Jungtieren bei der Geschlechter muss die schwarze Grundfarbe deutlich vorherrschen. Althennen haben eine stärkere weiße Zeichnungsfarbe. Mehrere weiße Handschwingen sind statthaft und schließen von Höchstnoten nicht aus.

Grobe Fehler:
Stark ungleichmäßige Zeichnung; weiße Hauben.

Weiß

Zu dieser ansehnlichen Kombination aus Weiß und Schwarz und einer ersten, einmaligen Präsentation 1968 gesellte sich im Jahr 2000 Weiß als weiterer zugelassener Farbenschlag.

Bei dieser Kreation von Eduard Miebach aus Bochum, welcher bereits die großen weißen Houdan erzüchtet hat, werden die Tiere reinweiß verlangt, wobei beim Hahn ein leichter cremiger Anflug gestattet ist.

Abweichend von den Schwarz-Weißgescheckten sollen die Läufe hier ebenfalls hornfarbig sein, wobei vorübergehend jedoch auch bleigrau gestattet ist.

Grobe Fehler:
Gelber Anflug oder andersfarbige Federn.

Harmonischer Gesamteindruck

Zum Gesamteindruck gilt auch hier, was zu allen anderen Rassen gesagt wurde, dass nämlich die Harmonie aller Körperteile entscheidend ist.

Was nützt eine schöne, runde, volle Haube und ein ausgeprägter Bart, die auf einem mickrigen, völlig unterentwickelten Körper sitzen? Und wie wenig attraktiv ist das schöne, gut entwickelte, walzenförmige Landhuhn, auf dem ein kleiner Kopf mit flacher Haube und fusseligem Bart völlig deplatziert wirkt.

Erst ein gutes, geschultes Züchterauge, das die Feinheiten der Rasse bewusst aufgenommen hat, kann die richtige Auswahl zwischen Ideal und weniger Gutem treffen.

Der ausgewachsene Zwerg-Houdan-Hahn soll 1 100 g und die Henne etwa 900 g wiegen. Das Bruteier-Mindestgewicht beträgt 35 g und die durchschnittliche Legeleistung ergibt jährlich ca. 120 weiße Eier. Der Hahn ist mit dem Bundesring 15 und die Henne mit 13 richtig beringt.

Zwerg-Crèvecœur

Mit der Zwergform der Crèvecœur wird der Blumenstrauß der Vollhaubenhühner unter den Zwerg-Haubenhühnern derzeit vollendet.

Aus der Entstehungsgeschichte

Ein erstes, kurzes Gastspiel gab diese Rasse im Anerkennungsverfahren anlässlich der Deutschen Junggeflügelschauen in Hannover in den Jahren 1965 und 1966, welches jedoch wieder abgebrochen wurde.

Im Gegensatz zur seinerzeit gescheiterten Anerkennung wird diese Rasse in den USA schon seit 1960 im „Standard of Perfection“ aufgeführt und kann somit zumindest jenseits des Großen Teiches auf eine doch schon relativ lange Tradition zurückblicken.

Erst Anfang der Neunzigerjahre des letzten Jahrhunderts nahm Kurt Gemsjäger aus Darmstadt-Wixhausen die Erzüchtung dieser Rasse für Deutschland erneut in Angriff. Sein Vorhaben, aus Vertretern der Großrasse und jeweils schwarzen Zwerg-Paduanern sowie Zwerg-La Flèche schwarze Zwerg-Crèvecœur entstehen zu lassen, war jedoch weitaus schwieriger als ursprünglich erwartet.

Besondere Probleme waren beim Erreichen einer idealen Kammstruktur und der reduzierten Kehllappenbildung zu überwinden. Mit der Anerkennung im Jahre 1995 wurden diese Zuchterfolge gekrönt.

Keine Zwerg-Paduaner mit Hörnerkamm

Als verkleinerte Nachbildung der Großrasse mit mittelgroßer, gestreckter Landhuhnform, vollem Körper und kaum mittelhohem Stand wird diese Rasse gewünscht.

Der Rumpf ist breit gestreckt, fast rechteckig wirkend und dabei waagerecht getragen. Ebenfalls breit sind die Schultern und der Rücken, wobei Letzterer mittellang und fast gerade wirkt.

Die Flügel mit ihren breiten Schwingenfedern werden angehoben getragen und enden unter dem voll und reichlich befiederten Sattel, welcher einen guten Übergang zum mäßig hoch getragenen und mit breiten und gut gebogenen Sicheln versehenen Schwanz darstellt.

Damit insoweit auch erkennbar ist, dass es sich bei den Zwerg-Crèvecœur nicht nur

1,0 Zwerg-Crèvecœur, schwarz
(K. Droste, Porta Westfalica)

um einen Zwerg-Paduaner mit Hörnerkamm handelt, ist bei der Beurteilung der Körperform auf einen entsprechenden Unterschied zu dieser Rasse zu achten: Der Zwerg-Crèvecœur muss etwas länger und vor allen Dingen eckiger wirken und im Gegensatz zum Zwerg-Paduaner keine etwas hoch getragene Brust haben.

Besondere Zierde des breiten, stark gewölbten, mit halbkugeliger Auftreibung versehenen Kopfes sind die Haube und der Hörnerkamm, bestehend aus zwei gleichförmigen, im Querschnitt runden, wenig gebogenen, bis 1,5 cm langen, v-förmig angeordneten und gut gegen die Haube hin aufgerichteten Hörnern. Kammauswüchse oder blätterartige Hörnerbildung sind verpönt.

Vollständig vom großen, sich kaum in Kinn- und Backenbart teilenden Bart sollen die kleinen, kurzen und runden Kehllappen verdeckt werden. Das Gleiche gilt für die kleinen Ohrlappen, deren Farbe belanglos ist. Große, rötlich gelbe Augen und der kräftige, gut gebogene Schnabel, mit den für die Haubenhühner so typisch aufgeworfenen Nasenlöchern, geben dem Gesicht einen besonderen Ausdruck.

Dabei ist eine über der Schnabelwurzel des Oberschnabels befindliche kleine Fleischwarze, die oft nur durch eine rote Stelle angedeutet wird, zulässig und nicht als Fehler zu strafen. Die etwas gedrungener und im Körper voller wirkende Henne hat eine möglichst kugelförmige Haube, die hoch und gerade auf dem Kopf sitzen soll. Dabei erscheint der Bart der Henne etwas mehr in Backen- und tief reichenden vollen Kehl- und Knebelbart geteilt.

Grobe Fehler Rassemerkmale:
Ein schmaler und kurzer Körper; flache Brust und abfallende Haltung; hohe Stellung und steile Schwanzhaltung; zu kleine (nicht eine kleine, sondern eine zu kleine) Haube, die zudem lose und ungleichmäßig ist; geringe Bartbildung; Kammauswüchse oder blätterartige Hörnerbildung; zu große Kehllappen; mangelnde Sichtfreiheit.

Nur in Schwarz anerkannt

In den vergangenen Jahren hat es einen Versuch gegeben, die Zwerg-Crèvecœur auch im weißen Farbenschlag im Standard zu etablieren. Dieses Unterfangen ist leider wieder abgebrochen worden, und somit sind die Zwerg-Crèvecœur derzeit nach wie vor lediglich im schwarzen Farbenschlag anerkannt.

Im Schein der Sonne kann die sattschwarze Farbe selbstverständlich nur bei entsprechendem Grünlack schillern. Mattes oder violett glänzendes Gefieder, evtl. rote Federn im Schmuckgefieder oder Weiß in der Haube sind jedoch nicht erwünscht (ein von außen nicht sichtbares Putzen einzelner weißer Federn sollte meines Erachtens jedoch vorerst aufgrund der geringen Verbreitung toleriert werden).

Grobe Fehler:
Mattes oder violett glänzendes Gefieder; rote Federn im Schmuckgefieder; Weiß in der Haube; Schilf.

Da es sich um die Zwergform einer ausgesprochen großen und schweren Hühnerrasse handelt, wird heute beim Hahn ein Gewicht von 1 100 g und bei der Henne von 900 g verlangt. Die Ringe haben einen Durchmesser von 15 bzw. 13 Millimetern.

Nachdem noch vor wenigen Jahren in der Legeleistungstabelle des Deutschen Rassegeflügel-Standards die durchschnittliche Legeleistung im ersten Jahr mit „N. b.“ (Nicht bekannt) angegeben wurde, wird dort nunmehr eine Legeleistung von 100 Eiern aufgeführt. Dabei sollte das Bruteier-Mindestgewicht 35 g betragen. Die Schalenfarbe der Eier ist weiß.

Eigentlich müsste das exotische Aussehen dieser Rasse, erzeugt durch die faszinierende Kombination von Haube, Hörnerkamm und Bart, sowie die durchaus positiven Leistungseigenschaften einen größeren Züchterkreis ansprechen. Leider ist das bisher aber nicht in ausreichendem Maße gelungen.

0,1 Zwerg-Crèvecœur, schwarz
(K. Droste, Porta Westfalica)

Wer also auf der Suche nach der absoluten Rarität im Bereich der Zwerghühner ist, sollte sich dieser Rasse zuwenden. Die ruhige Art und das zutrauliche Wesen der Zwerg-Crèvecœur werden den Züchter auf angenehme Art überraschen.

Appenzeller Zwerg-Spitzhauben

Dass die Appenzeller Zwerg-Spitzhauben nunmehr seit ihrer im Jahr 2012 in Deutschland erfolgten Anerkennung als neue Rasse innerhalb dieses SV betreut werden, wird sicherlich bei einigen Lesern auf Verwunderung oder Ablehnung stoßen – passen sie doch mit ihren Kopfpunkten auf den ersten Blick so gar nicht in den Reigen der übrigen Rassen des Sondervereins.

Zur Gruppe der verzwergten Haubenhühner und ihrer Verwandten gehören mit der Anerkennung der Appenzeller Zwerg-Spitzhauben nunmehr insgesamt zwölf Rassen. Worin sind deren Gemeinsamkeiten zu suchen?

Zur Beantwortung muss man einen Blick auf die Kopfpunkte werfen und neben der Vollhaube oder dem Schopf den Blick auch gleichzeitig auf den Schnabel und die dort vorhandenen Nasenlöcher richten. Aufgeweitete, aufgeworfene oder – wie man auch sagt – aufgetriebene Nasenlöcher sind das klassische Erkennungszeichen eines Haubenhuhns, nicht immer, aber in vielen Fällen zudem gekoppelt mit einem hufeisenförmigen Quersattel über dem Oberschnabel. Diese Merkmal ist auch bei den Appenzeller Zwerg-Spitzhauben vorhanden – aus diesem Blickwinkel: Herzlich Willkommen.

Auch wenn man es kaum vermuten wird, denn der Name der Rasse suggeriert etwas ganz anderes, so liegt doch die Heimat dieses Zwerghuhns nicht in den Alpen, sondern an der See. In den Niederlanden wurden die Rasse erzüchtet und von dort trat sie den Weg in die Züchterwerkstätten überall in Europa an.

Um 1980 begann ihr Werdegang in Vorden, zwischen Arnheim und Enschede, bei Herman van Olst. Mit der Kombination von Zwerg-Eulenbarthühnern und großen Appenzellern wurden die ersten Zuchtversuche unternommen, welche jedoch an der Größe – oder besser Kleinheit – der Nachzucht scheiterten.

Ahnen der heutigen Tiere entstammen der Kombination einer splashfarbigen Holländischen Zwerghenne und eines goldschwarzgetupften Appenzeller Spitzhaubenhahns.

Über zehn Generationen hinweg widmete sich Herman van Olst fast ausschließlich der Festigung der Rassemerkmale; Farbe und Zeichnung spielten nur am Rande eine Rolle. Er hatte eine schon nahezu bewundernswerte Ausdauer und Beharrlichkeit, welche aber für solche Vorhaben zwingend erforderlich sind. Vielfach scheint diese bei einigen Neuzüchtungen der heutigen Zeit zu fehlen. In der Rubrik Sichtung ist immer wieder Etliches zu sehen, was nicht hundertprozentig ausgereift ist.

0,1 Appenzeller Zwerg-Spitzhaube, goldschwarzgetupft (Martin Alender, Dewangen)

Die silber-schwarzgetupften und die gold-schwarzgetupften sind in den Niederlanden seit 2003 bzw. 2004 anerkannt und feine Exemplare beider Farbenschläge waren zur 27. EE-Europaschau 2012 in Leipzig zu bewundern.

Hinsichtlich der Formgebung und der sonstigen Hauptrassemerkmale kann man sich ohne Weiteres an den Forderungen der großen Appenzeller Spitzhauben orientieren und auch die Preisrichter sollen diese als Maßstab heranziehen.

Maßgeblich bei der Bewertung ist unter anderem der Kopf mit seiner einmaligen Erscheinung. Mittelgroß erscheint er mit einem verdickten Schädel und lebendig roten Kopfpunkten. Der Hörnerkamm besteht aus zwei mittelgroßen, V-förmig angeordneten und runden Hörnern. Die Kehllappen sind mittellang und rund und die Ohrscheiben sollen bläulich weiß und oval sein. Die Spitzhaube setzt sich aus schmalen Federn zusammen, die aufrecht den Kopf zieren und leicht nach vorne gebogen erscheinen. Auf eine kompakte, geschlossene und nicht übermäßige Erscheinung wird besonderer Wert gelegt.

Die Körperform wird mit walzenförmig umschrieben und ist länglich getreckt, bei fast gerader Rückenlinie. Brust und Bauch treten dabei mäßig betont in Erscheinung. Der Schwanz wird hoch bis rechtwinklig zur Rückenlinie getragen. Er ist dabei breit gefächert und gut mit der Besichelung und den Schwanzdeckfedern eingehüllt. Auch ein fest anliegendes Gefieder gehört bei dieser Rasse zum A und O. Der Hals erscheint durch die Haubenform deutlich länger, als er tatsächlich ist. Der Schnabel ist kräftig und bläulich hornfarbig. Dabei zeigt er die für Haubenhühner typischen leicht aufgetriebenen Nasenlöcher. Die Läufe sind mittellang und graublau und die Schenkel treten leicht hervor.

Bis auf die geschlechtsbedingten Unterschiede gleicht die Henne dem Hahn, ist jedoch in der Körperhaltung waagerecht.

Grobe Fehler:
Eckige Körperform; schmaler Körper; zu tiefe, zu schmale oder zu flache Brust; zu tiefe oder zu enge Stellung; zu schmaler, spitzer oder zu flach getragener Schwanz; Hängeflügel; viel Vorfleisch auf dem Nasenrücken; Verästelung an den Hörnern des Kamms; Krähenschnabel ohne aufgetriebene Nasenlöcher; zu lose Spitzhaube.

Derzeit sind in Deutschland die zwei Farbenschläge **Silber-Schwarzgetupft** und **Gold-Schwarzgetupft** anerkannt.

Bei der **silber-schwarzgetupften** Variante muss eine rein silberweiße Hauptfarbe zwingend gegeben sein. Dabei endet jede Feder in einer klaren, schwarzen, ziemlich kleinen, jedoch keinesfalls kreisrunden, sondern ovalen Tupfenzeichnung. Bedingt durch die schmaleren Federn tritt diese Zeichnung beim Hahn am Kopf sowie im Hals- und Sattelbehang weniger hervor. In den Hand- und Armschwingen sowie Hauben- und Schwanzfedern, welche keinerlei weitere farbliche Einlagerungen zeigen und somit rein weiß sein sollen, zeigen sich ebenfalls die schwarzen (nicht kreisrunden) Endtupfen. Die Innenfahnen der Armschwingen sind dabei mehr oder weniger schwarz durchsetzt. Das Bauch-, After- und Untergefieder ist grau.

Für die Henne gelten die gleichen Zeichnungsanforderungen wie beim Hahn. Sie besticht durch eine gleichmäßig verteilte Endtupfenzeichnung. Haube, Schwingen und Schwanz wie beim Hahn. Untergefieder grau.

Grobe Fehler:
Gelber Anflug in der Hauptfarbe, zusammenlaufende, klatschige Tupfung; stark ausgefranste Tupfen; starke moosige Einlagerungen; Vorsaum.

Die **gold-schwarzgetupften** Tiere sind im Zeichnungsmuster identisch. Die Mantelfarbe variiert in den Geschlechtern jedoch etwas. Während der Hahn eine goldrote Hauptfarbe hat, wird diese bei der Henne zutreffend als sattes Goldbraun beschrieben.

Für die Zucht und bei der Bewertung dieses Farbenschlages ist es wichtig zu wissen, dass das Schwanzgefieder beim Hahn nicht rein braun ist und neben einem schwarzen Endtupfen in der Regel auch schwarze Einlagerungen aufweist. Warum wird dieses Zugeständnis nicht auch bei der Henne gemacht?

Grobe Fehler:
Zu helle, zu fleckige oder stark ungleichmäßige Hauptfarbe; zusammenlaufende, klatschige Tupfung; stark ausgefranste Tupfen; stark moosige Einlagerungen; Vorsaum; starkes Schilf.

Auch die dritte getupfte Variante **Chamois-Weißgetupft** wird bereits in Deutschland gezüchtet, ist aber derzeit noch nicht anerkannt.

Für den Hahn sind 750 g, für die Henne 650 g Lebendgewicht gefordert. Die Schalenfarbe der Eier ist Weiß. Das Mindestgewicht der Bruteier beträgt 40 g. Die Ringgröße für den Hahn ist 13, für die Henne 11.

0,1 Appenzeller Zwerg-Spitzhaube, silberschwarzgetupft (Thomas Ruth)

Stall

Häufig werden die Vorstandsmitglieder unseres Sondervereins und ich um Hilfe gebeten, wenn es um die Frage geht: Wie halte ich die Seidenhühner und Zwerg-Haubenhühner am artgerechtesten. Wenn auch in diesem Buch immer wieder davon gesprochen wird, dass es sich um ganz normale Hühner handelt, so stimmt dies zwar, aber um rassegerechte Ausstellungstiere zu züchten, sollten doch einige Spielregeln beachtet werden.

Hier wäre als Erstes der Stall zu nennen. Die wichtigsten Argumente dabei sind: hell, trocken und zugluftfrei, denn das Gefährlichste, was unseren Tieren passieren kann, ist, dass die Tiere krank werden durch feuchte Ställe und Zugluft. Es ist zweitrangig, ob sich ein Züchter für einen wärmeisolierten Stall mit relativ hohem Aufwand oder für einen unisolierten Kaltstall entscheidet. Die Größe jedoch ist recht wesentlich.

Ideal ist es, wenn alle Tiere unter einem Dach gehalten werden können, da dann der Arbeitsaufwand, vor allem im Winter, doch wesentlich geringer ist. Auch einzelne Holzställe sind ohne Weiteres möglich. Die vielen baulichen Möglichkeiten sollen hier nicht näher betrachtet werden, aber die Inneneinrichtung ist doch für unsere Rassen von Bedeutung.

Hier ist als Erstes die Lüftung zu nennen. Da unsere Hühner die aufgenommene Feuchtigkeit nur über die Atemluft abgeben können, muss für eine entsprechende Belüftung der Ställe gesorgt werden. Im Sommer ist es am besten, wenn das Fenster durch ein stabiles Drahtgitter ersetzt wird, und im Winter sollten Lüftungsgitter oder ein Ventilator im oberen Bereich des Stalles für eine Luftregulierung sorgen.

Da die Tiere im Winter meistens im Stall sind und dadurch zu den Auslaufklappen keine Frischluft einströmen kann, sollte wie in einer Wohnung täglich gelüftet werden, am besten während der Fütte-

Tipp

Schafft sich ein Züchter oder ein Interessent Tiere an, dann ist es meistens ein Zuchtstamm. Der dafür notwendige Platz für 3 bis 4 Tiere je m2 ist schnell geschaffen und die Freude darüber dann groß. Man sollte jedoch weiterplanen. Um eine erfolgreiche Zucht durchführen zu können und um nicht immer wieder neue Tiere kaufen zu müssen, gehe ich davon aus, dass mit mindestens zwei Zuchtstämmen bis 1,6 gezüchtet wird.

Dazu kommt die Nachzucht. Eine Kükenzahl von 40 bis 50 ist nach meinen Erfahrungen notwendig, um im Herbst eine gewisse Auswahl für die Ausstellungen und die Weiterzucht treffen zu können. Dadurch benötigt man 4 Ställe von mindestens 2 m2, denn die Nachzucht sollte im Sommer nach Geschlechtern getrennt aufgezogen werden.

rungszeiten. Keine Zugluft! Die Atmungsorgane der Hühner sind sehr empfindlich. Verschiedene Krankheiten, oft mit Todesfolge, können durch falsche Lüftung entstehen.

Ein weiterer wichtiger Punkt ist die Stalleinrichtung. Hier muss zwischen den Seidenhühnern und den Zwerg-Haubenhühnern unterschieden werden. Seidenhühner fliegen durch ihre Federstruktur nicht und gehen auch nur in den seltensten Fällen auf höher gelegene Sitzstangen.

Ein Stall ohne Sitzstangen ist abzulehnen, da dann die Funktionen der Zehen nicht mehr gewährleistet sind und es zur Entenfüßigkeit kommen kann. Dabei steht die vierte Zehe nicht nach hinten, sondern zeigt mit nach vorn.

Tipp
Es sollten auf dem Boden Sitzstangen angeboten werden. Dies geschieht am einfachsten durch Hölzer von 5 × 10 cm, die hochkant verwendet werden. Darauf werden Sitzstangen im Abstand von ca. 30 cm und einem Querschnitt von 3 × 3 cm aufgebracht.

Auch die Legenester sollten nur 10 cm erhöht stehen, da bei höher gelegenen Nestern die Eier wahllos auf dem Boden verlegt werden. Durch das Fehlen des Kotbrettes wird der Kot täglich in der Einstreu abgesetzt.

Wenn aber eine satte Schicht Hobelspäne in den Stall eingebracht wurde und der Stall nicht zu klein ist, wird der Kot mit den Spänen gebunden. Man kann relativ schnell einschätzen, wann die Späne anfangen feucht zu werden und die Einstreu gewechselt werden muss. Das ist auch abhängig von den baulichen Gegebenheiten. Bei mir ist dies alle drei Wochen notwendig.

Etwa sechs Wochen alte Jungtiere unter Rotlicht.

Tipp
Es ist zu beachten, dass auf das Kotbrett eine Hühnerleiter führen soll. Die Höhe sollte ca. 70 cm nicht überschreiten.

Anders verhält es sich mit den Zwerg-Haubenhühnern, die zwar eine eingeschränkte Sicht nach oben haben, aber problemlos auf ein Kotbrett mit darüber befindlichen Sitzstangen gehen.

Die Entfernung des Kotes ist dadurch natürlich noch einfacher und kann zwischen dem Wechseln der gesamten Einstreu regelmäßig erfolgen, was wiederum für ein gesundes Stallklima Voraussetzung ist.

Die Legenester können in einer Höhe von 30 bis 40 cm angebracht werden, aber ebenfalls mit einer Möglichkeit zum Hinauflaufen. So kann der Raum unter Nest

Junghähne von Zwerg-Paduanern, silber-schwarzgesäumt, bei Stanislaw Roszinski, Warschau.

und Kotbrett als zusätzlicher Scharrraum verwendet werden. Bei der Einstreu gilt das Gleiche wie bei den Seidenhühnern.

Stülptränken empfohlen

Ein weiterer wesentlicher Punkt sind die Tränken. Auch diese sind für die Gesundheit der Tiere außerordentlich wichtig. Für alle Seidenhühner und Zwerg-Haubenhühner müssen leicht zu reinigende Stülptränken verwendet werden, sonst sollte diese Rassengruppe nicht gezüchtet werden!

Bei einem offenen Wassergefäß tauchen die Tiere die Hauben sonst mit ins Wasser. Durch anschließendes Fressen oder ein Staubbad werden die nassen Federn verschmutzt und es bildet sich mit der Zeit ein richtiger Belag. Diese Tiere bekommt man auch durch Waschen nicht mehr ausstellungsfertig.

Es ist darauf zu achten, dass die Tränken bis zu 20 cm erhöht stehen, damit keine Einstreu hineingescharrt werden kann.

Tipp

Tränken im Auslauf sind meines Erachtens strikt abzulehnen, da dann die Gefahr besteht, dass Vögel daraus trinken und Krankheiten übertragen werden.

In der Sonne wird das Wasser schnell zu warm und es bildet sich ein Algenbelag. Bei Regenwetter spritzt der Erdboden des Auslaufes ins Wasser und führt zu einer Ansteckungsgefahr.

Auslauf

Sehr oft wird über die Ausläufe für unser Rassegeflügel geschrieben, dass diese bestimmte Größen haben müssen und am besten noch als Wechselausläufe zu gestalten seien.

Dies würde aber bedeuten, dass viele Züchter keine Tiere halten könnten, da der vorhandene Platz nicht ausreicht.

> *Tipp*
> Vor dem Stall sollten Platten verlegt werden, damit sich bei Regenwetter kein Schlamm in diesem Bereich bilden kann. Wer über eine Rasenfläche verfügt, muss das Gras ständig kurz halten, da so einmal das Wachstum angeregt wird und bei Regen das Wasser besser aufgenommen wird.

Ich habe schon viele kleine Volieren und Ausläufe gesehen, die sehr gepflegt waren und womit die Züchter beste Erfolge über Jahre hinweg vorweisen konnten.

Auch hier gilt als wesentlicher Bestandteil: Der Auslauf sollte immer so trocken wie möglich sein.

Der Sonnenschutz in Form von Sträuchern oder anderen Beschattungsmöglichkeiten darf ebenfalls nicht vergessen werden. Die Besonderheit in der Seidenhuhn- und Zwerg-Haubenhuhnzucht liegt darin, dass diese Rassen keinen hohen Zaun benötigen. 1 m Höhe reicht vollkommen aus.

Zwerg-Holländer Haubenhühner: Glucke mit Küken.

Schutz durch Netze über den Ausläufen

Ein Nachteil besteht allerdings in der beschränkten Sicht nach oben, wodurch die Tiere keine Gefahren durch Greifvögel erkennen können. So kann es immer wieder vorkommen, dass Verluste auftreten und dass die Tiere erschrecken, was zur Folge haben kann, dass sie wild umherfliegen und dabei die Einzäunung verlassen.

Vorteilhaft ist die Verwendung von Netzen über den Ausläufen. Diese werden von der Industrie in sehr guter Qualität angeboten und haben eine jahrelange Haltbarkeit. Zudem sind die Kosten dafür in einem günstigen Verhältnis, wenn man die sonst auftretenden Verluste dagegensetzt.

Haubenhühner und Regen

Da Haubenhühner bei Regenwetter besonders gern im Auslauf sind, verfahre ich in meiner Zucht wie folgt: Die Tiere werden früh aus dem Stall gelassen, außer im Winter bei Schnee, und bleiben beliebig lange im Freien.

Haubenhühner, die den ganzen Tag im Regen stehen, verlieren die Form ihrer Hauben. Dadurch wird es sehr schwierig, diese Tiere für eine Ausstellung vorzubereiten.

> *Tipp*
> Ein Regenschauer verursacht noch keinen Schaden. Wenn man allerdings schon frühmorgens einschätzen kann, dass der Tag verregnet sein wird, dann lässt man die Tiere im Stall und öffnet eventuell nur abends für eine kurze Zeit die Auslaufklappe.

Die Annahme, dass Seidenhühner im Regen „aufweichen", ist falsch, da das Untergefieder kein Wasser auf die Haut lässt und länger Wasser abweisend ist als bei normalfiedrigen Tieren. Dieser Vergleich ist wie bei Schafen, bei denen das Unterfell auch nicht nass werden kann.

Tipp
Sehr wichtig ist: Die Auslauföffnung des Stalles sollte nach Möglichkeit ebenerdig sein, damit die Tiere die Öffnung nicht in einer bestimmten Höhe suchen müssen, da – wie bereits mehrfach erwähnt – die Sicht nach oben nur eingeschränkt möglich ist. Beachtet man diesen Hinweis nicht, kann es, besonders im Sommer bei starken Gewittergüssen, dazu kommen, dass Tiere die Auslaufklappe nicht gefunden haben und mit durchweichtem Gefieder und Unterkühlung vor dem Stall liegen.

Fütterung und Pflege

Während die Bedeutung des Wassers bereits geschildert wurde, soll nunmehr auf die Fütterung eingegangen werden. Vorteilhaft ist die Tatsache, dass es im Handel für jede Jahreszeit und für jede Zuchtphase das nach Inhaltsstoffen richtige Futter als Mehl oder in Pelletform gibt und die Tiere so mit allen notwendigen Inhaltsstoffen versorgt werden.

Trotzdem bin ich der Meinung, dass dies nicht ausreichend ist. Das Huhn sucht von Natur aus nach verschiedenen pflanzlichen und tierischen Futterstoffen, und so sollte auch das Futter für unsere Tiere sehr abwechslungsreich sein. Ich stelle generell eine Futtermischung zusammen.

Tipp
Meine Futtermischung besteht in der warmen Jahreszeit zu etwa einem Drittel aus geschnittenem Grün aus dem Garten, wobei natürlich Löwenzahn und Brennnesseln zu den Favoriten gehören, und im Winter verwende ich Möhren, Weißkohl, Äpfel oder Rote Rüben. Dazu kommen die Küchenabfälle, falls vorhanden eingeweichte Semmeln, und dann ergänze ich tierisches Eiweiß, da dies in den Futtermitteln der Industrie meist nicht mehr vorhanden ist, durch gekochte Eier oder Milchpulver. Es eignen sich hierfür auch diverse Milchprodukte.

Zu diesen Komponenten kommt das Fertigfutter in Form von Mehl und einem Teil Getreide. Dabei verwende ich vor und während der Zuchtzeit Elterntierfutter und danach Legemehl. Während der gesamten Küken- und Jungtieraufzucht füttere ich Kükenfutter. Die vorstehend beschriebene Mischung wird mit Wasser feuchtkrümelig angemischt und dann verfüttert.

Tipp
Entscheidend ist, dass kein nasses Futter gereicht wird, da dadurch die Hauben und die Bärte verkleben können.

Als Futtergefäße können im Handel übliche Tröge verwendet werden. Offene Näpfe sind ungeeignet, da der Futterverlust durch ständiges Herausscharren zu groß ist.

Dermaßen abwechslungsreich gefütterte Zuchttiere bringen dann auch entsprechend gute Ergebnisse bei der Brut. Hier gibt es keine Unterschiede zu anderen Hühnerrassen. Die Küken schlüpfen sehr gut und benötigen wie alle Hühnerküken in den ersten Wochen viel Wärme.

> *Tipp*
> Die Temperatur soll dabei in der ersten Woche 32 °C betragen und kann jede Woche um 2 °C gesenkt werden.

Beringungszeitpunkt

Bis etwa zur 7. oder höchstens 8. Woche dauert es, bis die Ringe aufgezogen werden können. Hier ist schon ein recht geschultes Auge gefragt, um die richtige Ringgröße bei den Hähnen und Hennen anzulegen. Die Zwerg-Seidenhühner haben seit 2003 für beide Geschlechter die einheitliche Ringgröße 12 und die Seidenhühner seit 2005 die Ringgröße 16.

Es muss nun besonders darauf geachtet werden, dass die etwas kräftigeren Hähne nicht zu spät beringt werden. Einfacher ist es bei den Zwerg-Holländer Haubenhühnern, wo die Hähne zum Zeitpunkt des Beringens doch schon kleine rote Kehllappen zeigen.

Die anderen Rassen der Zwerg-Haubenhühner werden nach der Ausbildung des Rückengefieders beringt. Dazu wird das Gefieder auf dem Rücken mit den Fingern zurückgezogen und darunter kommt die letzte Feder, die bei Hähnen immer spitz ist und bei den Hennen rund.

Noch etwas einfacher ist es bei den gesäumten Farbenschlägen, bei denen der Hahn eine geteilte Zeichnung der Feder hat und die Henne bereits die volle Säumung aufweist.

Schädlingsbefall

Sehr häufig betroffen sind die Haubenhühner durch Schädlingsbefall. Es ist richtig, dass diese Rassengruppe mehrere Stellen am Körper hat, die nicht mit dem Schnabel geputzt werden können. Wie bei allen Geflügelarten sollte eine regelmäßige Kontrolle der Tiere und des Stalles auf Schädlinge erfolgen.

Dabei sind die Federlinge oder Roten Vogelmilben, die sich tagsüber in den Ritzen der Sitzstangen aufhalten und nur nachts die Tiere befallen, relativ leicht mit den im Handel erhältlichen Präparaten zu bekämpfen.

Schlimmer wird es, wenn die Nordische Vogelmilbe im Bestand auftritt. Ich kenne diese Milbenart seit sehr vielen Jahren, aber immer nur im Zusammenhang mit Haubenhühnern. Inzwischen musste ich aber feststellen, dass diese Milbenart bei allen Rassen immer häufiger auftritt.

Da in der Literatur darüber nichts geschrieben steht, ist die Kenntnis immer noch sehr gering. In unserem Sonderverein wurden über Jahre Versuche mit den unterschiedlichsten Präparaten durchgeführt, aber alle zeigten nur über einen kurzen Zeitraum Erfolg.

Im Jahr 2001 wurden dann Milben zur Parasitologischen Fakultät der Universität Zürich gesandt. Das Untersuchungsergebnis aus der Schweiz brachte uns doch einen Schritt weiter.

> *Tipp*
> Durch das Einsprühen, Pudern oder Waschen der Tiere werden nur die Milben abgetötet und nicht die Eier, wodurch der Behandlungserfolg nur von kurzer Dauer ist, da nach 5 Tagen die neuen Milben vorhanden sind.
> Inzwischen gibt es jedoch über den Tierarzt entsprechende Mittel, welche einen Langzeiterfolg bei einmaliger Anwendung garantieren und somit eine große Erleichterung darstellen.

Erstmals wurde der Name Nordische Vogelmilbe genannt und wie folgt beschrieben: Diese Milbenart lebt nur am Tier, und zwar in den Federästchen ausgereifter Federn, wodurch Jungtiere kaum befallen werden. Die Vermehrung erfolgt über Eier, die sehr widerstandsfähig sind und nach 5 Tagen schlüpfen.

Ausstellungsvorbereitung

Ich behaupte einfach, dass fast alle Züchter von Seidenhühnern und Zwerg-Haubenhühnern ursprünglich zu diesen Rassen gekommen sind, weil sie diese auf einer Ausstellung absolut faszinierend fanden und sich gefragt haben, wie dies möglich sei.

Wenn die Voraussetzungen in der Haltung, Fütterung und Pflege der Tiere stimmen und die geforderten Rassemerkmale vorhanden sind, werden die besten Tiere zur Ausstellung vorbereitet. Dies ist bei unseren Rassen doch etwas aufwendiger als bei einer einfachkämmigen Rasse.

Regelmäßige Pflegemaßnahmen

Allgemein gilt für alle Tiere, dass die Ringe gewaschen werden und die Oberschnäbel dahin gehend kontrolliert werden, ob totes Horn über den Unterschnabel herausragt. Dieses wird mit einer kleinen Schere verschnitten und mit feinem Sandpapier werden die durch den Schnitt entstehenden Grate entfernt. Seidenhühner sollten komplett gewaschen werden. Dies geschieht in einem Waschbecken mit warmem Wasser und grobkörnigem Waschmittel oder einem milden Shampoo. Dabei ist darauf zu achten, dass der Kopf nicht ins Wasser getaucht wird, um die Augen und den Schnabel nicht mit Seifenwasser in Verbindung zu bringen.

Etwas einfacher ist die Vorbereitung der Zwerg-Paduaner, Zwerg-Crèvecœur und der Zwerg-Houdan. Hier ist in den meisten Fällen nur im weißen Farbenschlag ein Ganzbad (ohne Augen und Schnabel!) notwendig. Sonst werden die Haube und der Bart wie vorher beschrieben gewaschen.

Anschließend werden die Tiere in einen warmen Raum gesetzt, wo die Federn bis zum nächsten Tag trocknen können. Auch hier wird wieder kontrolliert, ob Federn die

Tipp

Um die Haube oder den Schopf zu waschen, werden die Tiere mit dem Kopf nach unten nur mit der Haube bzw. dem Schopf ins Wasser getaucht und dieser gewaschen. Nachdem alle Waschmittelrückstände ausgespült sind, werden die Tiere mit einem Tuch abgetrocknet. Besonders Seidenhühner werden danach am besten geföhnt.

Dabei ist darauf zu achten, dass die Haube oder der Schopf zum Schwanz hin geföhnt wird, um nicht locker nach vorne zu fallen. Das übrige Gefieder wird zum Kopf hin geföhnt, um eine entsprechende Federfülle zu erreichen. Allgemein werden die gewaschenen Tiere in einem warmen Raum mit mindestens 20 °C zum Trocknen gestellt und sind nach ca. 12 Stunden trocken. Anschließend wird kontrolliert, ob Federn des Schopfes die Sicht behindern.

Diese störenden Federn werden mit einer Schere am Grund geschnitten, wobei durchaus auch einmal eine Feder nicht ganz am Grund geschnitten werden muss, damit diese gleichzeitig eine Stützfunktion erfüllen kann. Wer diese Handlung zum ersten Mal durchführt, sollte sich der Mühe unterziehen, mit Tieren, die nicht ausgestellt werden sollen, zu üben.

Sicht behindern, was durch das Waschen immer wieder mal vorkommen kann – auch bei uns sind die Haare nach einer Wäsche viel lockerer.

Da die vorgenannten Rassen mit Bart gezüchtet werden, ist zu kontrollieren, ob auch dieser evtl. zu hoch sitzt. Indem hier die Federn der 2. Reihe etwas gekürzt werden, fallen die oberen nach unten und die Sichtfreiheit ist uneingeschränkt vorhanden.

Die letzte Gruppe sind die Zwerg-Holländer Haubenhühner, wo die weißen Tiere und die Schwarzhauben nach vorher beschriebenem Muster gewaschen werden können. Dagegen ist bei den anderen Farbenschlägen die Schnippe in eine gleichmäßige Form zu putzen. Dabei werden die störenden Federn am Federgrund verschnitten.

Es dürfen keine Federn gezogen werden! Eventuell entstehende Kahlstellen werden mit der Note „o. B." geahndet. Durch das Putzen der Haube fehlen Federn und dadurch kann diese lockerer werden, sodass die Haube nach dem Waschen mit einer Haubenbinde gebunden wird.

> ***Tipp***
> Dazu nimmt man ein kleines Lederstück von ca. 4 × 2 cm, welches an allen vier Ecken ein Befestigungsband aufweist. Diese Binde wird von vorne über die Haube gelegt und hinten zusammengebunden. Nach dem Trocknen wird diese Binde abgenommen und nun ist die Haube fest und geschlossen.

Wenn Sie auf den Ausstellungen mit einem sehr wachsamen Auge durch die Reihen der Seidenhühner oder der Zwerg-Haubenhühner gegangen sind, dann sind Ihnen sicherlich schon einmal die weißen Kunststoffscheiben in den Trinkgefäßen aufgefallen.

Hierbei handelt es sich nicht um eine unerlaubte Kennzeichnung des Tieres, sondern um eine gem. V/7a der AAB zulässige Vorsorgemaßnahme.

Neue Ideen bereichern die Ausstellungen: Seidenhühner beim Fußballspielen.

Bei Haubenhühnern wird empfohlen, schwimmende Kunststoff- oder Holzscheiben mit ca. 3 cm großen Bohrungen in die Trinkgefäße einzulegen, damit die Hauben trocken bleiben. Diese Scheiben erhalten Sie an den Zubehörständen auf größeren Ausstellungen oder direkt beim Bundesringhersteller, der Firma Horst Stengel und Sohn GbR in Schmalkalden (www.stengelfussring.de).

Der Sonderverein

Gegenwärtig sind rund zweihundertsiebzig engagierte Züchterinnen und Züchter von Seidenhühnern, Zwerg-Seidenhühnern, Zwerg-Paduanern, Zwerg-Holländer Haubenhühnern, Zwerg-Houdan, Zwerg-Crèvecœur und Appenzeller Zwerg-Spitzhauben im Sonderverein (SV) der Züchter der Seidenhühner und Zwerg-Haubenhühner zusammengeschlossen. Der SV fördert die Zucht, Verbreitung und das Ausstellungswesen der genannten Rassen. Zwei ca. 50-seitige Rundschreiben pro Jahr informieren die Mitglieder fortlaufend aktuell über den Zuchtstand der Rassen, züchterische Probleme und organisatorische Maßnahmen. Für die Gestaltung dieser Rundschreiben wurde dem SV im Jahre 2008 der Förderpreis des VZV verliehen.

Bei einer Wochenendtagung im Frühsommer wird die Jahreshauptversammlung durchgeführt. Der zwanglosen Pflege der Zuchtfreundschaft ist dabei ein Züchterabend gewidmet. Eine Tierbesprechung oder ein Fachvortrag, der von den Zuchtwarten der einzelnen Rassen sowie von erfahrenen Sonderrichtern durchgeführt wird, informiert über den aktuellen Stand der Zucht.

Ein weiterer Höhepunkt jedes Zuchtjahres ist die Hauptsonderschau, um deren Durchführung sich aktive Mitglieder bewerben und die Organisation übernehmen. In letzter Zeit stehen dort jeweils siebenhundert und mehr Tiere.

Weitere Sonderschauen sind verschiedenen Großschauen wie der Deutschen Junggeflügelschau Hannover, der „Nationalen“, der „Lipsia“ und Landesverbandsschauen angeschlossen. Diese Ausstellungen werden vom SV mit Sonderpreisen rege unterstützt, die Tiere von Sonderrichtern fachgerecht bewertet und während den Schauen ausführlich besprochen.

Der jetzt in dieser Form tätige Sonderverein wurde am 5. Januar 1924 in Leipzig gegründet. Als Zweck des Vereins wurde seinerzeit „die Hebung, Verbesserung und Verbreitung von Haubenhühnern und deren Zwerge“ formuliert. Nach Überwindung der ersten Nachkriegsprobleme erneuerte sich dieser SV anlässlich der 36. Nationalen Rassegeflügelschau in Frankfurt am Main zum „Sonderverein der Zwerg-Haubenhühner“. In Anbetracht der bevorstehenden Anerkennung der Zwerg-Seidenhühner 1987/88 beschloss die Jahreshauptversammlung die Änderung zum heutigen Namen des SV.

Im Osten Deutschlands wurde durch den Mauerbau die Spezialzuchtgemeinschaft (SZG) der Haubenhuhnzüchter gegründet und diese betreute, wie zur Gründungsversammlung beschlossen, große Haubenhühner und deren Zwerge sowie die Seidenhühner. Durch das umsichtige Verhalten und eine kluge Verhandlungsführung durch den damaligen 1. Vorsitzenden im Westen, Hans Köhler, konnten beide Vereine nach dem Fall der Mauer problemlos zusammengeführt werden.

Aufgrund der Besonderheit, dass die großen Haubenhühner im Westen seit 1953 von dem Sonderverein der seltenen Hühnerrassen betreut wurden, waren ab 1990 die Züchter der Seidenhühner und Zwerg-Haubenhühner aus ganz Deutschland in einem Verein zusammengeschlossen und züchten in freundschaftlicher Gemeinschaft.

Ansprechpartner im SV der Züchter der Seidenhühner und Zwerg-Haubenhühner

1. Vorsitzender:
Norbert Niemeyer
Unlandstraße 46 b, 48431 Rheine
Tel.: 05971 12327
norbert-niemeyer@osnanet.de

2. Vorsitzender:
Fred Stengel,
Kothenwiese 4, 98574 Schmalkalden-Asbach
Tel.: 03683 783204
stengel-fussring@t-online.de

1. Schriftführer und Pressewart:
Wilfried Keil
Wriezener Straße 48, 16259 Bad Feienwalde
Tel.: 03344 331003
keil-wilfried@t-online.de

2. Schriftführer:
Jessica Oefelein
Bergstr. 36, 45219 Essen
Tel.: 02054 83489
jessicaoefelein@gmx.de

1. Kassierer:
Fred Weidemann
Lenzweg 4, 31535 Neustadt-Hagen
Tel.: 05034 4343
Fredweidemann@online.de

2. Kassierer:
Max Parduhn
Wallonerberg 4, 39104 Magdeburg
Tel.: 0151 26732125
max@isb-parduhn.de

Zuchtwart Seidenhühner:
Günter Droste
Hildburgstraße 16, 32437 Porta Westfalica
Tel.: 05751 8208
reguesaki@t-online.de

Zuchtwart Zwerg-Paduaner:
Patrik Tolle
Agnes-Miegel-Straße 13
27305 Bruchhausen-Vielsen
Tel.: 04252 598
p.tolle@freenet.de

Zuchtwart Zwerg-Holländer Haubenhühner:
Walter Sternberg
Braustraße 25, 31515 Steinhude
Tel.: 05033 8783
sternberg@kssvneustadt.de

Zuchtwart Zwerg-Seidenhühner, Siamesische Zwerg-Seidenhühner:
Frank Sternberg
Beisenstraße 20, 45327 Essen
Tel.: 0201 370248
Frank.Sternberg@live.de

Zuchtwart Zwerg-Houdan, Zwerg-Crèvecœur und Appenzeller Zwerg-Spitzhauben:
Andreas Brauckmann
Hachhausenerstraße 210, 45711 Datteln
Tel.: 0171 2383153
brauckmann-andreas@web.de

Beisitzer:
Kira König
Waterbusch 11, 32457 Porta Westfalica
Tel.: 05751 9718424
koenig-kira@t-online.de

Die Autoren

Frank Peschke wurde 1957 in Sebnitz geboren und ist dort auch im Jahre 2013 verstorben. Seit 1965 stellte er aktiv aus. Die ersten Tauben waren Eistauben, glattfüßig, gehämmert. Dazu kamen Deutsche Modeneser, Sächsische Storchtauben, Orientalische Roller und Schirastümmler. Zwerg-Paduaner und Zwerg-Holländer Haubenhühner, Weißhauben, schwarz, züchtete er seit 1971 bis zu seinem Tod. 1971 trat er in den SV ein und war dort seit 1976 im Vorstand tätig. 1996 übernahm er das Amt des 1. Vorsitzenden. Er war Preisrichter für die Gruppen A–M und Z1Z3 sowie Sonderrichter für Haubenhühner, seltene Hühnerrassen, Seidenhühner und Zwerg-Haubenhühner.
In zahlreichen Fachartikeln und den Fachbüchern „Praxis der Hühner- und Zwerghuhnzucht" und „Praxis der Vererbung bei unseren Hühnerrassen" konnte er sein Wissen weitergeben. Neben den Zwerg-Haubenhühnern wurden von ihm auch silberfarbige Italiener aktiv gezüchtet. Alle Rassen waren im Zuchtbuch des LV Sachsen registriert.

Günter Droste wurde 1962 in Porta Westfalica geboren. Seit 1982 züchtet er aktiv Rassegeflügel und wurde 1983 Mitglied im RGZV Eisbergen-Fülme e.V. Dort ist er seit 1984 im Vorstand tätig. Nachdem er mehrere Jahre das Amt des Jugendleiters bzw. Zuchtwarts ausgeübt hat, ist er seit 1991 Vorsitzender des Vereins.

Bereits 1984 wurde er Mitglied im Sonderverein der Züchter der Seidenhühner und Zwerg-Haubenhühner. Von 1996 bis 2000 und von 2009 bis 2016 war er Zuchtwart der seltenen Zwerge, d.h. der Zwerg-Houdan, Zwerg-Crèvecœur und Appenzeller Zwerg-Spitzhauben, sowie seit dem Jahr 2000 auch Zuchtwart für Seidenhühner. Mitglied des Zuchtbuchs des Landesverbandes Westfalen-Lippe ist er seit 1996. Auch dort gehört er dem Vorstand an. Er ist Preisrichter für die Gruppen A bis M und Z1 bis Z3 sowie u. a. Sonderrichter für Seidenhühner und Zwerg-Haubenhühner.

Seine Züchterlaufbahn begann mit weißen Seidenhühnern. Heute bevölkern Seidenhühner mit Bart in den Farbenschlägen Silber-Wildfarbig, Perlgrau, Schwarz und Splash seine Ställe. Dazu kommen natürlich auch die selteneren Zwerg-Haubenhühner, wie die schwarz-weißgescheckten Zwerg-Houdan und silber-schwarzgetupften Appenzeller Zwerg-Spitzhauben.

Er zeichnet für den Import der perlgrauen und gesperberten Seidenhühner sowie die erfolgreiche Vorstellung zur Anerkennung dieser zwei Farbenschläge in Deutschland als auch der Anerkennung der Variante Splash verantwortlich.

Veröffentlichungen: Er ist Verfasser einer Vielzahl von Fachbeiträgen über die von ihm gezüchteten Rassen in den Fachzeitschriften des In- und Auslandes.